Encyclopédie FLEURUS Junior

Inventions

et découvertes

Direction éditoriale : Christophe Savouré
Édition : Juliette Saumande et Danielle Védrinelle
Iconographe : Clémence Gérard
Direction artistique : Laurent Quellet et Armelle Riva
Conception graphique de la collection : Killiwatch
Réalisation graphique : Les Inventeurs du Réel, Paris
Fabrication : Thierry Dubus et Sabine Marioni
Contribution rédactionnelle et index : Isabelle Macé

Un grand merci à Delphine Pascarellie, à Émilie Lesage et à Emmanuel Cloarec pour leur aide précieuse et efficace.

Dépôt légal : octobre 2004
ISBN : 2 215 05285-6
N° d'édition : 93603
1re édition

Photogravure : IGS Charente Photogravure
Achevé d'imprimer en France sur les presses de Partenaires-Livres, France.
Loi n° 49-956 du 16 juillet 1949 pour les publications destinées à la jeunesse.

EDITIONS FLEURUS

15/27, rue Moussorgski
75895 Paris Cedex 18

Encyclopédie FLEURUS Junior

Inventions
et découvertes

Pierre Kohler

FLEURUS

Sommaire

Observer et découvrir

Découvrir la Terre 8
Une planète tout en lignes 10
Connaître l'heure 12
À la recherche du meilleur calendrier 14
Peser et mesurer 16
Compter et calculer 18
L'infiniment petit 20
À la découverte de l'infiniment grand 22
Pour compléter l'œil de l'astronome 24
Observer et prévoir : les instruments de la météo 26
Les grands inventeurs 28
Petites histoires d'inventions 30
Inventions de demain 32

Travailler, vers le moindre effort

La grande panoplie des outils 36
Cultiver la terre 38
Des énergies à portée de main 40
Des moteurs pour remplacer les muscles 42
À la chaîne... 44
Soulever et creuser 46
Les centrales nucléaires 48

Plus loin... plus vite !

La roue : il suffisait d'y penser ! 52
Histoire d'une "petite reine" 54
Les bicyclettes motorisées 56
La saga de l'automobile 58
Des voies pavées aux autoroutes 62
Pour mieux rouler 64
De la mine au TGV 66
Les transports en commun 70
Les ouvrages d'art 72

À l'eau !

Les premiers bateaux 76
Des caravelles aux clippers 78
Vers la modernité 80
Pour aider les navigateurs 84
Des cloches à plongeur au scaphandre autonome 86
Dans les abysses 88

La conquête de la 3e dimension

La tête dans les nuages 92
Ça plane pour moi ! 96
Du biplan au supersonique 98

L'hélicoptère 102
À travers l'espace cosmique 104

Le glaive et le bouclier

Armes de jet et armes blanches 108
Et l'homme invente la poudre 110
Chars et blindés 114
Avions de guerre 116
Les sentinelles invisibles 118
Pour une destruction massive 120
La grande famille des missiles 122
« My name is... » 124
Pour démasquer les criminels 126

Plus de confort et de sécurité

De la hutte aux gratte-ciel 130
Métallurgie et alliages 134
La fée électricité 136
Les matériaux synthétiques 138
Tous à l'abri ! 140
Vendre et acheter 142

De la tête aux pieds

De bons petits plats 146
À consommer avec modération ! 148
À table ! 150
La science du bien-manger 152
S'habiller 154
Prendre soin de son corps 156

Remèdes en tous genres 158
Dépister la maladie 160
Réparer le corps humain 162

Communiquer, tous reliés

Rendre la parole visible 166
Du crayon au stylo bille 168
Faire bonne impression 170
Comme une lettre à la poste 172
Du télégraphe au téléphone mobile 174
Sur les ondes 178
Informatique et ordinateurs 180
Le Net, toile planétaire 182

Et vinrent les loisirs...

Faites vos jeux... 186
Garder la forme ! 190
Au son de la musique 194
Le son restitué 196
L'image emprisonnée 198
Le règne de l'image 200

Index 202
Crédits iconographiques 206

Observer et découvrir

Nos ancêtres de la préhistoire avaient la bougeotte. D'abord parce qu'il leur fallait trouver de nouvelles ressources afin de subsister, mais aussi par simple soif de découverte. Pour explorer de nouveaux territoires, l'homme a dû inventer des moyens de locomotion et des outils toujours plus efficaces. Il a appris à compter, à mesurer, à peser, à observer, à se repérer, à fabriquer, à communiquer...

Les inventions qui lui ont donné la connaissance et la maîtrise de son environnement sont, pour la plupart, très anciennes. Mais, à côté de ces découvertes fondamentales, sont apparues des milliers de petites innovations, pas forcément utiles. Car la conquête de l'inutile fait aussi partie de la nature humaine...

Découvrir la Terre

Au XVe siècle, quand Christophe Colomb part vers l'ouest en espérant atteindre les Indes, il est parfaitement conscient que la Terre est ronde et qu'on peut en faire le tour. Pourtant, il y a encore à cette époque des marins pour penser qu'on tombe dans un abîme en s'éloignant trop au large ou en franchissant l'équateur !

La Terre est ronde

Comme nous vivons à la surface de la Terre, nous n'avons pas le recul suffisant pour en avoir une vision d'ensemble et, de notre point de vue, elle paraît plate. De nombreux savants de l'Antiquité (à partir de 400 av. J.-C. environ) apportent pourtant la preuve qu'il s'agit d'une sphère. Ils ont remarqué que les bateaux qui s'éloignent au large disparaissent progressivement : d'abord la coque, puis les voiles, puis le haut du mât. Cela ne peut s'expliquer que s'ils se déplacent sur une surface courbe, sinon ils deviendraient de plus en plus petits, mais resteraient entiers. On a aussi observé que lors des éclipses de Lune, l'ombre de la Terre, qui se projette sur notre voisine, est arrondie : c'est bien la preuve que la Terre est une sphère. Des hommes ont pourtant longtemps continué de croire à une Terre plate, au moins jusqu'à ce que Magellan prouve le contraire en réalisant le premier tour du monde (1519-1521). Les photos prises aujourd'hui par les cosmonautes nous montrent la sphère bleue de notre planète dans toute sa splendeur...

En 1450, on représente encore la Terre comme un disque entouré par l'océan.

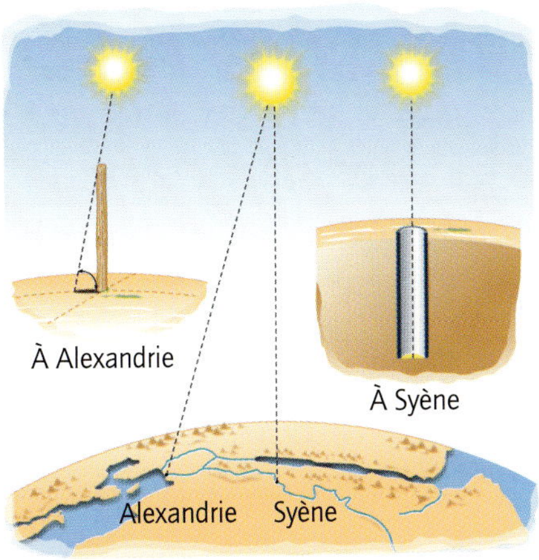

Erreur de calcul

Curieusement, les premiers grands navigateurs du XVe siècle ont calculé leur voyage sur une Terre plus petite que celle d'Ératosthène. C'est pourquoi Christophe Colomb croyait être arrivé aux Indes alors qu'il n'avait même pas fait la moitié du chemin !

Sous toutes les coutures

Mais quelle est la dimension de notre planète ? Le premier qui cherche à la mesurer est le savant grec Ératosthène. Nous sommes vers 240 avant notre ère. Il a remarqué que, le jour du solstice d'été, à Syène (aujourd'hui Assouan, en Égypte), le soleil est au zénith puisqu'il éclaire même le fond des puits : il n'y a pas de zone d'ombre. En revanche, à Alexandrie, à 840 km de là et au même moment, un bâton planté verticalement porte une ombre. Connaissant la distance entre les deux villes, et ayant mesuré l'angle que font les rayons du soleil à Syène et à Alexandrie, Ératosthène en déduit que la Terre est ronde et calcule sa circonférence : il trouve 40 000 km, ce qui est très proche de la réalité… Le rayon de la planète (du centre de la Terre à sa surface) ne sera calculé que bien plus tard, au XVIIIe siècle.

L'univers est immense

Un demi-siècle avant Ératosthène, Aristarque de Samos a cherché à mesurer la distance de la Terre à la Lune et au Soleil. On découvre alors que notre planète est perdue dans un espace immense, mais la plupart des astronomes la placeront néanmoins au centre de l'univers. Elle y restera jusqu'à ce qu'un moine polonais du nom de Copernic (1473-1543) la fasse tourner autour du Soleil. Il faudra attendre la découverte des galaxies, au début du XXe siècle, grâce aux premiers télescopes géants, pour que l'on comprenne enfin que la Terre n'est qu'une planète anonyme tournant autour d'une étoile insignifiante (il en existe de bien plus grosses et de bien plus lumineuses) perdue dans la banlieue d'une galaxie elle-même noyée parmi des milliards d'autres…

Dans le système de Copernic, le Soleil est au centre de l'univers.

Une planète tout en lignes

Savoir que la Terre est ronde et que l'on peut en faire le tour, c'est bien. Mais sillonner le globe sans s'y perdre, c'est encore mieux ! Pour se repérer sur leur planète, les hommes l'ont d'abord dessinée comme ils la voyaient, avant de la "découper" en zones géométriques régulières.

Une Terre ronde divisée en carrés

Une des toutes premières cartes du monde a été tracée entre 550 et 600 avant notre ère par le Grec Anaximandre de Milet, mais seuls les contours des côtes et le cours des grands fleuves y sont indiqués, sans autre moyen pour se repérer. Les cartes utilisées par les navigateurs à la fin du XIIIe siècle, appelées "portulans", sont les premières à présenter un canevas de lignes en étoile pour une meilleure localisation. Mais le réseau de méridiens (qui joignent les pôles et permettent de se situer en longitude) et de parallèles (cercles parallèles à l'équateur pour se situer en latitude) n'apparaît que trois siècles plus tard, après les expéditions des grands navigateurs portugais et espagnols. Les mappemondes de la planète sont alors découpées en une multitude de carrés bien délimités.

Le tracé bleu montre la longitude, le rouge, la latitude. Les coordonnées géographiques de la ville de Rio sont : 43°14' ouest (en longitude) et 22°54' sud (en latitude).

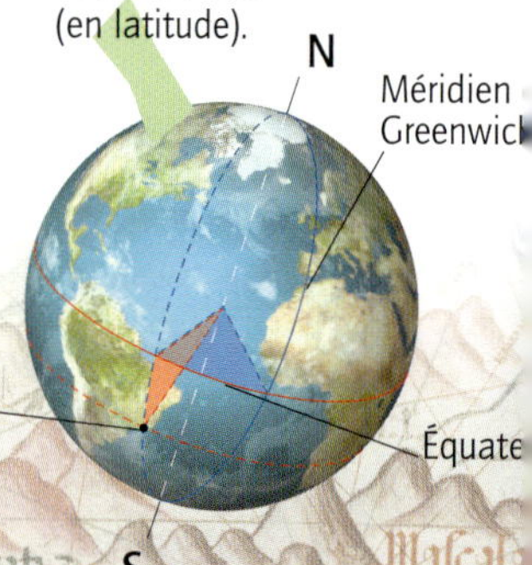

Les fuseaux horaires

Tous les endroits de la Terre situés sur le même méridien ont la même heure. Les lieux situés plus à l'est sont "en avance" par rapport à cette heure-là, et ceux qui sont plus à l'ouest sont "en retard". Pour faciliter la vie et les affaires, on a tracé 24 "fuseaux horaires", et chaque pays de la planète prend ainsi l'heure du fuseau qui le traverse. Le fuseau de référence (fuseau "zéro") est celui de Greenwich (Angleterre) où ce système fut instauré pour la première fois.

Se repérer sur terre…

La latitude se détermine facilement par la mesure de la hauteur du soleil au-dessus de l'horizon. Quant à la longitude, les géographes grecs de l'Antiquité savaient déjà que la meilleure façon de la déterminer consiste à calculer la différence horaire entre deux lieux. Étant donné que la Terre met 24 heures pour effectuer une rotation de 360 degrés, 1 heure de temps équivaut à 15 degrés de longitude (soit 360 divisé par 24). Il suffit alors de disposer de deux instruments (clepsydres, sabliers, horloges) indiquant l'heure en deux endroits et de calculer la différence.

Mesurer le temps sans montre

Les premiers appareils à mesurer le temps sont les clepsydres, inventées en Égypte voilà 4000 ans : de l'eau passe d'un récipient dans un autre par un petit orifice en un temps à peu près constant. On peut ainsi mesurer les durées avec une assez grande précision, mais il faut renouveler l'eau en permanence. Les Grecs et les Romains perfectionnent le système, en y ajoutant un cadran et une aiguille. Puis l'eau est remplacée par du sable fin, dont l'écoulement est plus régulier. Ces "sabliers" connaissent un grand succès au Moyen Âge. On s'en sert encore aujourd'hui pour la cuisson des œufs coque.

Ce chronomètre de marine date de 1860. Son boîtier en bois le protège des coups, du sel et de la rouille, qui seraient fatals à son bon fonctionnement.

… et en mer

En mer, le problème est différent : comment garder l'heure quand les horloges rouillent ? On utilise d'abord des sabliers, mais il faut les retourner sans cesse et, à la longue, les erreurs finissent par s'accumuler. Or, à l'équateur, une petite minute d'erreur représente un écart de 27 km ! Au XVIIIe siècle, la question est considérée comme vitale, au point que le Parlement anglais, mais aussi le roi de France, lancent un concours doté d'une très forte prime (équivalant à 400 000 euros actuels !) pour qui trouvera une solution. C'est le mécanicien et horloger anglais John Harrison qui réussit le premier en 1759, après 40 ans d'efforts. Son chronomètre de marine – qui tient dans une énorme boîte et pèse 32 kg – ne dévie pas d'une seconde par jour quelles que soient les conditions de navigation sur l'océan.

Connaître l'heure

Longtemps, les hommes ont vécu à l'heure du soleil. Pour savoir à quel moment de la journée on se situait, il suffisait donc de repérer la position de l'astre du jour dans le ciel, et pour cela, pas besoin de montre. C'est l'ère industrielle et le travail en usine qui ont contraint à compter le temps, et à disposer de l'heure en permanence.

Du gnomon au cadran solaire

Le gnomon, un bâton vertical planté dans le sol, est le plus simple des dispositifs pour connaître l'heure. À l'origine, il a été utilisé par les Chaldéens, qui repéraient la direction et la taille de l'ombre pour avoir l'heure approximative. Pour que le système soit plus précis, il faut des gradations sur un "cadran" ; il faut aussi que le bâton ne soit pas vertical mais dirigé vers l'étoile Polaire : l'ombre portée est ainsi plus longue. On a alors un vrai cadran solaire. Un cadran bien dessiné et bien orienté peut donner l'heure à la minute près. Le plus ancien, retrouvé en Égypte, est vieux de 3 500 ans. Naturellement, ces instruments sont inutilisables la nuit !

Il existe des cadrans solaires de toutes formes : horizontaux, verticaux ou, comme ici, cubiques.

L'invention du temps artificiel

À partir du XIIIe siècle, on construit les premières horloges mécaniques précises. L'heure qu'elles donnent n'est plus "naturelle", elle ne dépend plus des mouvements du soleil, mais d'un mécanisme élaboré par l'homme. Au départ, les horloges n'ont ni cadran ni aiguilles ; elles sont munies d'une cloche frappée toutes les heures par un marteau. Le mécanisme est actionné par la chute d'un poids qu'il faut régulièrement remonter. La plus grande horloge destinée à un édifice public se trouve dans la cathédrale St-Pierre de Beauvais. Fabriquée en 1868, elle ne compte pas moins de 90 000 pièces !

Toujours plus précises

Au XVIIe siècle sont construites les premières pendules. Elles fonctionnent grâce au mouvement d'un balancier qui fait avancer une roue dentée actionnant les aiguilles. C'est l'astronome hollandais Christiaan Huygens qui a eu l'idée d'appliquer à l'horlogerie le principe du pendule découvert par Galilée : une masse suspendue à un fil et mise en balancement fait toujours un aller-retour dans le même temps. Cela permet d'actionner des aiguilles avec régularité et donc de compter le temps. De là vient l'autre nom des horloges que l'on appelle aussi "pendules". Mais le gros problème de ce mécanisme est que, selon la température, le balancier peut s'allonger ou rétrécir, ce qui finit par décaler l'heure indiquée. Pour éviter cela, on a utilisé des alliages de métaux qui ne varient pas avec la température. Les années 1840 voient la naissance de l'horloge électrique, qui est encore plus précise. Depuis les années 1950 existent même des horloges atomiques, qui ne perdent qu'une seconde en 2 millions d'années, mais on ne les trouve que dans des laboratoires.

Moderne !

Le réveille-matin est une invention assez ancienne qui remonte au XVe siècle. Le tout premier modèle, construit par un horloger parisien du nom de Carouage, est une horloge qui allume une bougie à une heure fixée d'avance...

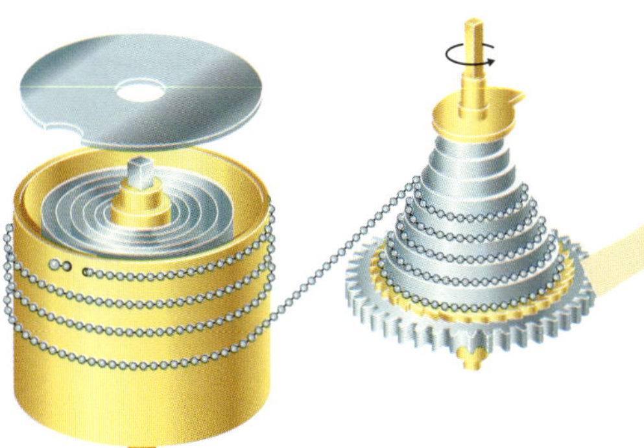

Un ruban d'acier spécial, resserré par une clé, accumule de l'énergie mécanique quand il est fermement enroulé sur lui-même. En se relâchant lentement, ce ruban spiralé libère l'énergie qu'il contient, en entraînant une chaîne qui fait tourner l'axe des aiguilles de la montre.

Des horloges portables : les montres

C'est encore Huygens qui propose de combiner le mécanisme du balancier avec un ressort spiral, ce qui permet d'abandonner le système du poids et ainsi de fabriquer des horloges de plus en plus petites : des pendulettes, puis des montres. Au début, celles-ci ne se portent pas au poignet, mais dans le gilet, attachées par une petite chaîne. Ces "montres de gousset" sont baptisées "œufs de Nuremberg" en raison de leur forme, et du nom de cette ville de Bavière où elles ont été fabriquées pour la première fois, au XVIIe siècle. Les montres électroniques à quartz ne renferment aucune pièce mécanique et sont encore plus précises. Elles utilisent un cristal de quartz qui vibre 33 000 fois par seconde quand il est traversé par un courant électrique (fourni par une pile). Un diviseur électronique réduit ensuite la fréquence de ces vibrations et les ramène à 1 par seconde : les secondes défilent ainsi sur le cadran de la montre. Les premières montres à quartz sont apparues aux États-Unis en 1970.

Les **Aztèques** utilisaient deux calendriers : un pour la vie religieuse et l'autre pour la vie quotidienne. Ce dernier comprenait 19 mois : 18 mois de 20 jours (car 20 était la base de leur système de numération) et un court mois de 5 jours considérés comme néfastes et dangereux...

À la recherche du meilleur calendrier

Sans calendrier, on ne peut pas connaître les dates des saisons qui conditionnent les cultures (semailles, moissons), ni celles des fêtes religieuses qui ont eu longtemps une grande importance dans la vie quotidienne. Pour cela, les hommes ont été très tôt amenés à observer le mouvement des astres, notamment de la Lune et du Soleil, dont les cycles sont à la base de la définition du jour, de la semaine, du mois et de l'année.

De la Lune... à César !

Presque toutes les civilisations de l'Antiquité ont compté le temps en fonction des lunaisons, c'est-à-dire du cycle des phases de la Lune, qui correspond à un peu moins de 30 jours. 3 000 ans avant notre ère, les Égyptiens utilisent ainsi un calendrier de 12 mois de 30 jours, mais il faut en ajouter 5 à la fin de l'année pour retrouver les 365 jours correspondant au retour des saisons (*voir encadré*). La difficulté de faire le compte avec le calendrier lunaire (12 cycles de phases font 354 jours) a conduit Jules César à abandonner ce système en 46 av. J.-C. au profit du calendrier "julien". Basé sur des mois alternés de 30 et 31 jours (sauf pour février qui en compte 28), il permet d'obtenir une année de 365 jours. Le problème est que l'année correspond en réalité à 365 jours un quart. Il faut donc ajouter un jour supplémentaire tous les 4 ans (année bissextile), et c'est pourquoi toutes les années dont les deux derniers chiffres sont divisibles par 4 comptent un jour de plus : le 29 février.

Ce calendrier julien vient d'Allemagne et date de 1520.

Suivre la marche du soleil

En suivant avec attention le mouvement apparent du Soleil, les hommes remarquent très tôt qu'il monte et descend plus ou moins haut dans le ciel selon la saison, et appellent "jour" le temps qui s'écoule entre deux levers du Soleil. Pour définir la durée de l'année, ils comptent le nombre de jours entre le début de l'été par exemple et son retour après le cycle complet des saisons. En Mésopotamie, voilà 5 000 ans, l'année compte 360 jours. Les Égyptiens précisent sa durée à 365 jours, et ce sont les astronomes grecs d'Alexandrie, notamment Hipparque, qui découvrent un siècle et demi avant notre ère que l'année vaut en réalité 365 jours un quart.

Remettre les pendules à l'heure

En 1582, le pape Grégoire XIII réforme à son tour ce calendrier julien, qui n'est pas encore parfait. Car même avec les années bissextiles, le calcul ne tombe pas tout à fait juste. Seize siècles après Jules César, le retard sur le retour des saisons atteint 10 jours. Le pape décide que le lendemain du 4 octobre 1582, on passera directement au 15 octobre. Les dix journées du 5 au 14 n'ont jamais existé cette année-là ! D'autre part, Grégoire supprime trois années bissextiles tous les 400 ans : ainsi, le compte est bon… ou presque ! Tous les pays n'ont pas immédiatement accepté cette modification : le dernier à appliquer ce calendrier dit "grégorien" est la Turquie, en 1926.

L'an 2000… et les autres !

Pour l'origine des années, chaque religion a son propre calendrier. Pour les juifs, le point de départ est l'année présumée de la création du monde (en - 3761 dans notre calendrier) ; pour les chrétiens, c'est celle de la naissance de Jésus-Christ ; et pour les musulmans, celle de la fuite de Mahomet de La Mecque à Médine en 622 de notre ère. Dans le calendrier juif (qui ne débute pas le 1er janvier), l'année grégorienne 2000 était ainsi à cheval sur les années 5760 et 5761 ; dans le calendrier musulman, elle correspondait à 1420 et 1421. Pour les Indiens, c'était l'année 1921 et pour les Chinois, 4698 !

La grande époque des almanachs

Les Chinois ou les Indiens, on ne sait pas trop, ont eu l'idée, voilà environ 2 000 ans, de consigner par écrit diverses prévisions liées au calendrier et aux phénomènes du ciel. Introduits en Europe par les Arabes, les almanachs ont ensuite été enrichis de prévisions astrologiques et de conseils pratiques concernant notamment l'agriculture. Très en vogue dans les campagnes européennes à partir du Moyen Âge, l'almanach est devenu un ouvrage complet, renouvelé tous les ans, avec, pour chaque jour, les heures de lever et de coucher de la Lune et du Soleil, les saints à fêter, des dictons météorologiques, de petites histoires, etc. Jusqu'à l'invention de l'imprimerie, on les affiche dans les églises.

Au Moyen Âge, les almanachs étaient souvent de véritables ouvrages d'art. Ici, l'illustration du mois de juillet dans le célèbre livre *Les Très Riches Heures du duc de Berry* (XVe siècle), où un calendrier sert de base à des textes religieux.

Peser et mesurer

Il n'y a guère plus de deux siècles que tout le monde (ou presque) utilise les mêmes unités de mesure. En France, par exemple, avant que la Révolution n'impose le mètre, il existait 294 unités de longueur ! Selon les régions, on mesurait en pouces, en pieds du Pérou, en points du pied du Roi, en cannes de Toulouse, etc. Impossible de s'y retrouver !

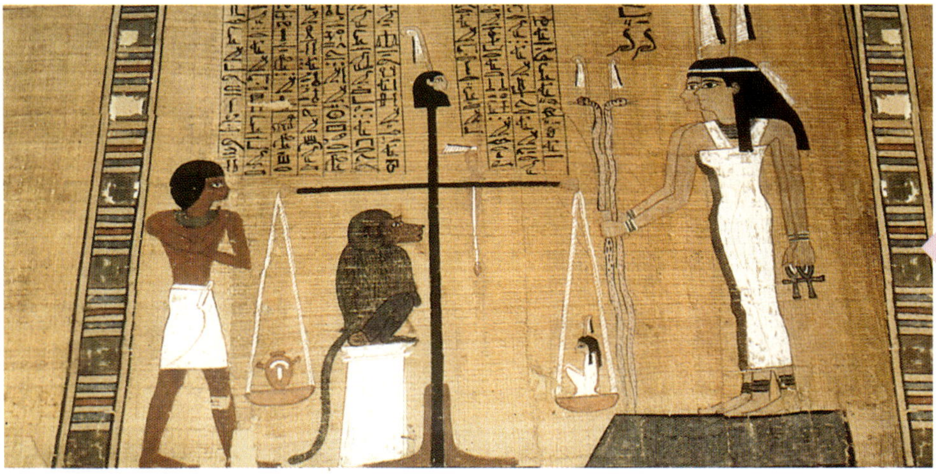

La pesée des âmes par la déesse Maât est un important rituel dans l'Égypte ancienne. L'âme du défunt doit être la plus légère possible, c'est-à-dire exempte de péchés, pour pouvoir accéder au paradis.

Les balances

Dès les débuts de la civilisation, les hommes ont eu besoin de peser des objets. Les plus anciennes illustrations qui représentent des balances à fléau ont au moins 4000 ans. Les modèles les plus rudimentaires, pour peser les objets de peu de valeur, sont en bois : un simple bâton avec deux courges creuses à ses extrémités, et une encoche pour point d'appui. Comme "poids", on utilise d'abord des galets, puis des morceaux de métal. On s'aperçoit ensuite que la pesée est plus facile avec un levier plus court que l'autre et un seul poids glissant sur le bras le plus long. Sur le curseur, on peut alors lire directement le poids de l'objet : c'est la balance "romaine" ; les pèse-bébés modernes fonctionnent sur ce principe.

Poids lourds et poids plumes

À l'époque de la Révolution française, on sait effectuer des pesées au millième de gramme près, précision indispensable pour les expériences de chimie. Chez les commerçants, dans les cuisines et dans les salles de bains, on utilise désormais des balances électroniques. La balance la plus sensible (elle ne sert que dans certains laboratoires)

La balance de Roberval, avec ses deux plateaux identiques, a été utilisée pour la pesée des denrées alimentaires jusqu'à l'apparition des balances électroniques.

Longueur, volume et poids ont besoin d'une référence universelle afin que dans le monde entier on puisse parler de choses comparables entre elles. Ici, on voit le litre étalon, le mètre étalon et le kilo étalon.

réagit au milliardième de milliardième de gramme, et peut peser… des microbes ! À l'inverse, il existe aussi des balances pour peser des objets très lourds, des véhicules par exemple : c'est le pont-bascule, imaginé dès 1744 par John Wyatt, et qui existe depuis 1820.

Définition du mètre

Le mètre est une unité de mesure devenue quasi universelle, mais il n'a guère plus de deux siècles d'existence. Sa première définition, en 1799, est assez simple : 1 m correspond au dix millionième du méridien terrestre mesuré entre le pôle Nord et l'équateur. Pour matérialiser le mètre, afin qu'il serve de modèle, on a fabriqué une barre de métal de cette longeur, appelée "mètre étalon". Pour que le mètre puisse être reproduit partout, on a finalement adopté une définition plus universelle, par rapport à des phénomènes physiques comme la vitesse de la lumière : 1 m correspond ainsi à la distance parcourue par la lumière dans le vide en 1/299 792 458 de seconde.

Deux poids, deux mesures…

En 1790, en France, l'Assemblée constituante décrète la suppression des anciennes mesures, pour les remplacer par un système unique et simple. Le groupe de savants chargé de ce travail fournit de nouvelles unités, adoptées officiellement quelques années plus tard. On y trouve le mètre et le kilogramme (liés entre eux car 1 kg correspond à la masse de 1 décamètre cube d'eau), mais aussi la seconde pour la mesure du temps et le degré pour celle des températures. Ce système, appelé "métrique", est décimal (ce qui facilite les calculs). Il s'est progressivement imposé dans le monde entier, même s'il reste encore quelques retardataires.

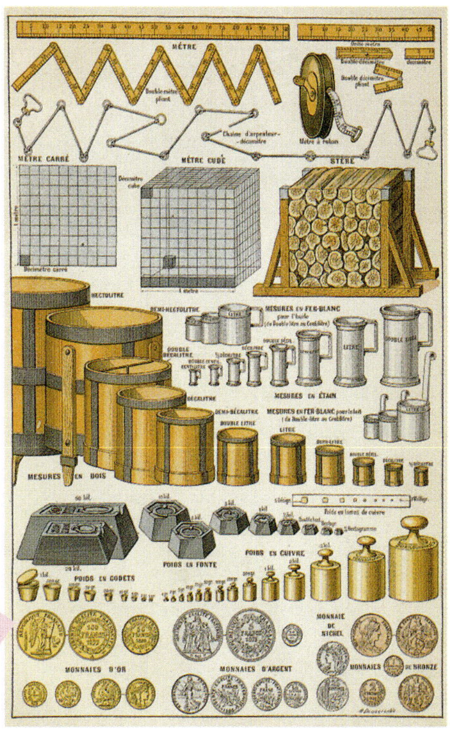

Le mètre, le kilogramme et le litre sont les trois unités de mesure les plus utilisées dans la vie courante, mais il en existe quantité d'autres.

Compter et calculer

À l'origine, l'homme a certainement compté sur ses doigts ; rien de plus facile. C'est sans doute pour cela que le système décimal s'est finalement imposé comme mode de calcul. Comme il fallait pouvoir compter au-delà de 10, il est ensuite devenu indispensable d'apprendre à manier les nombres.

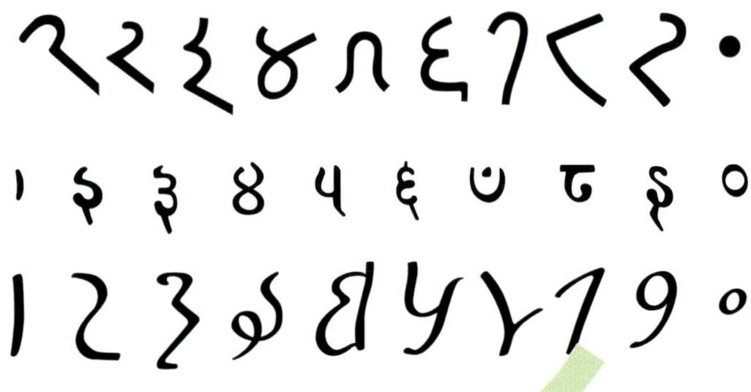

Il a fallu 800 ans et de nombreuses transformations pour que les chiffres indiens ressemblent à ce que nous connaissons.

3, 2, 1... 0 !

Les chiffres romains sont les plus anciens encore en usage aujourd'hui. Ils permettent d'écrire tous les nombres entiers en combinant seulement 7 lettres : I, V, X, L, C, D et M. Mais les chiffres que l'on utilise le plus couramment sont les chiffres "arabes", qui sont à l'origine des symboles indiens. Parmi eux, le plus intéressant (et le plus récent) est le zéro. Il a été créé il y a au moins 2 300 ans, mais on a d'abord fait comme s'il n'existait pas ! C'est grâce aux mathématiciens indiens que le "véritable" zéro est inventé, probablement en l'an 628. On l'appelle alors *shûnya*, le vide. Deux siècles passent avant qu'il n'apparaisse dans le monde arabe (en 870 ou en 876) ; il n'est adopté en Occident qu'au XIIe siècle. C'est une véritable révolution, car il facilite beaucoup les techniques de calcul, et permet l'essor des sciences ainsi que la simplification des comptes dans le commerce.

Du boulier aux machines à calculer

Neuf siècles avant notre ère, les Chinois comptent avec un boulier. Ce mode de calcul est encore largement utilisé en Extrême-Orient. Au XVIIe siècle, les opérations compliquées se font avec une règle à calcul : il suffit de faire glisser

Avec 0 et 1

Pour calculer, les ordinateurs utilisent des circuits électroniques, qu'on appelle "microprocesseurs", ou plus familièrement "puces". Ils ne connaissent que deux choses : la présence ou l'absence de courant électrique. Ainsi, ils ne peuvent compter qu'avec deux chiffres : 0 quand le courant ne passe pas, 1 quand il passe. Chaque nombre décimal peut être converti en nombre binaire, fait d'une alternance de 0 et de 1 ; en binaire, par exemple, 5 s'écrit 101. C'est plus long que dans le système décimal, mais comme les puces travaillent avec une extraordinaire rapidité, des millions de calculs complexes peuvent ainsi être effectués chaque seconde.

Les engrenages de la Pascaline relient des roues où sont inscrits des chiffres (pour faire les opérations) à des rouleaux qui comportent d'autres chiffres (les résultats, calculés à l'avance). Quand on fait tourner les roues, le résultat s'affiche dans les cases en haut de la machine.

Plus et moins

Les Égyptiens sont les premiers (vers 1650 av. J.-C.) à avoir fait la différence entre les valeurs positives et négatives : le signe + est symbolisé par une paire de jambes marchant vers la gauche, et le signe - par des jambes orientées vers la droite.

un cache transparent et gradué sur une règle comportant plusieurs séries de chiffres. Le savant et philosophe Blaise Pascal n'a que 19 ans quand il invente, en 1642, une machine à calculer qui effectue des additions et des soustractions grâce à une série d'engrenages. L'Allemand Wilhelm Leibniz perfectionne cette "Pascaline" à la fin du siècle pour qu'elle puisse également faire des multiplications et des divisions.

Des trous pour compter

Dès le XVIIIe siècle apparaissent de nouvelles machines mécaniques, qui fonctionnent sur le principe des ordinateurs actuels, en utilisant un "programme" (on dit aujourd'hui "logiciel") qui donne à la machine une série de consignes pour effectuer des calculs. La carte perforée fait son apparition en 1725 dans l'industrie textile, et l'Américain Herman Hollerith l'utilise pour accélérer le traitement du recensement américain de 1890. En inscrivant les informations sur des cartes qui sont ensuite triées automatiquement par une machine, il effectue en seulement 6 semaines un travail qui aurait occupé des centaines d'employés pendant 8 ans !

Dans la machine de Hollerith, quand une carte est lue, chacun des trous déclenche un interrupteur spécifique. Chaque fois, une unité est ajoutée au bon compteur.

La révolution de l'électronique

Grâce à l'électronique sont nées des machines encore plus rapides et performantes. Le tout premier ordinateur opérationnel est l'ENIAC (*Electronic Numerical Integrator and Computer*), conçu en 1946 à l'Institut de technologie de Pennsylvanie, aux États-Unis (*ci-dessous*). Il pèse 30 tonnes et renferme 18 000 tubes électroniques, qui consomment tellement d'électricité que les lumières faiblissent dans toute la ville de Philadelphie quand on le met en marche ! Avec 5 000 additions par seconde, il réalise en 2 heures un calcul qui demanderait un siècle à la main ! Aujourd'hui, la puce électronique la plus performante peut effectuer jusqu'à 30 000 milliards d'opérations en une seconde ! (*voir aussi pp. 180-181*)

L'infiniment petit

Quel est donc ce monstre aux pinces effrayantes qui s'accroche à une liane? Un simple pou, qui ne mesure pas plus de 3 mm de long! Et le câble qu'il tient n'est qu'un cheveu… À partir du XVIIe siècle, les découvertes dans le domaine de l'optique ont permis d'explorer un monde dont on ne soupçonnait pas l'existence jusqu'alors, celui de l'infiniment petit.

Des billes de verre aux lentilles

On a retrouvé à Cnossos, en Crète, un verre grossissant datant de 4000 av. J.-C., mais on ne sait pas exactement à quoi il servait.
Dans les premières années de l'ère chrétienne, quelques savants grecs, puis le philosophe latin Sénèque, remarquent que les objets paraissent plus gros quand on les regarde à travers une sphère remplie d'eau. La loupe de qualité, utilisée pour "grossir" les objets, ne fait son apparition en Europe que bien plus tard. Au Moyen Âge (vers le XIIIe siècle), on utilise ainsi des "pierres à lire", gros blocs de cristal avec une face bombée et l'autre plane, qui permettent d'agrandir le texte.

Deux, c'est encore mieux !

En disposant deux loupes à une certaine distance l'une de l'autre – la plus forte étant placée tout près de l'objet à observer –, on parvient à grossir plus qu'avec une seule loupe : c'est le principe du microscope. Le premier est fabriqué en Hollande au début du XVIIe siècle, mais on ne sait pas trop si l'inventeur en est Zacharias Jansen ou Cornelius Van Drebbel.

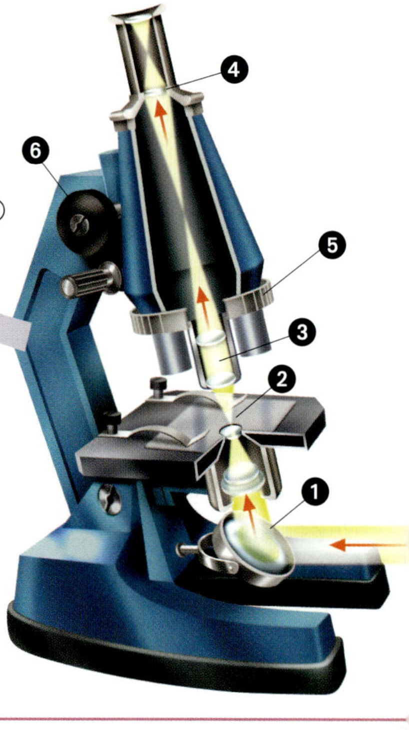

Dans un microscope optique, après réflexion et concentration sur un petit miroir ①, la lumière (émise par le soleil ou par un éclairage artificiel) traverse la préparation à examiner, fixée entre deux lames de verre posées sur un porte-plaque ②. L'objectif ③ du microscope opère un premier grossissement, multiplié encore par l'oculaire ④. Pour varier le grossissement, on fait tourner le barillet ⑤, qui comporte plusieurs objectifs de puissances différentes. La crémaillère de réglage ⑥ permet d'affiner la mise au point.

Sur ce manuscrit datant de la première moitié du XIVe siècle, on voit une des plus anciennes représentations de lunettes.

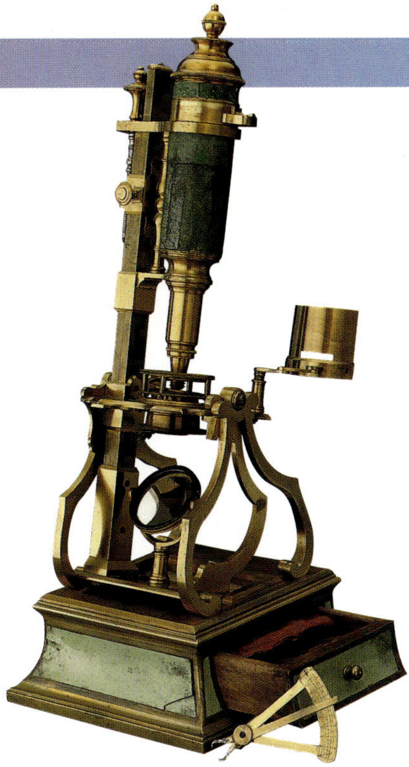

Les principes de l'optique

C'est la lumière qui nous permet de voir le monde qui nous entoure. Le soleil est visible parce qu'il émet de la lumière ; une maison est visible parce qu'elle réfléchit (elle renvoie) les rayons lumineux émis par le soleil ou par un réverbère. Ces rayons se propagent toujours en ligne droite, sauf quand ils changent de milieu, par exemple en passant de l'air dans du verre transparent (*schéma* ①). Si l'on donne à ce morceau de verre la forme d'une lentille "convergente" (plus épaisse au centre qu'aux bords), il concentre les rayons lumineux réfléchis par un objet et donne une image de celui-ci. Si la lentille est située assez près de l'objet, on obtient une image agrandie : c'est le principe de la loupe grossissante (*schéma* ②).

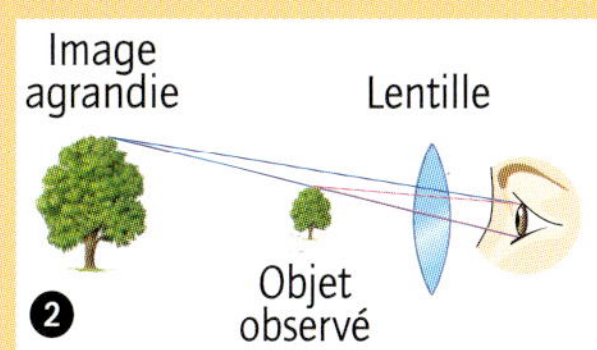

Les débuts de la microbiologie

Peu importe, car c'est en réalité Antonie Van Leeuwenhoek (1632-1723) qui va vraiment tirer parti de cet instrument. Son métier de marchand de tissu ne le prédispose pourtant pas à la science, mais il va se passionner pour l'exploration d'un monde encore insoupçonné. Le microscope qu'il utilise est très simple mais il grossit jusqu'à 270 fois : suffisamment pour révéler l'existence des bactéries et des globules rouges du sang. Ses observations ouvrent les portes du monde de l'infiniment petit.

Les microscopes électroniques

Pour grossir davantage (au-delà de 2 000 fois), les microscopes optiques sont mal adaptés, car l'image s'assombrit de plus en plus. Le microscope électronique, dont le premier modèle a fonctionné en 1931 en Allemagne, prend alors le relais. Il permet d'atteindre des grossissements de plusieurs millions de fois, et de voir des objets plus petits que 1 millionième de millimètre, ce qui correspond aux molécules – assemblages d'atomes – dont sont constituées toutes les choses qui nous entourent.

Cette jungle colorée est en fait... de la poussière vue au microscope électronique, colorisée et grossie 250 fois !

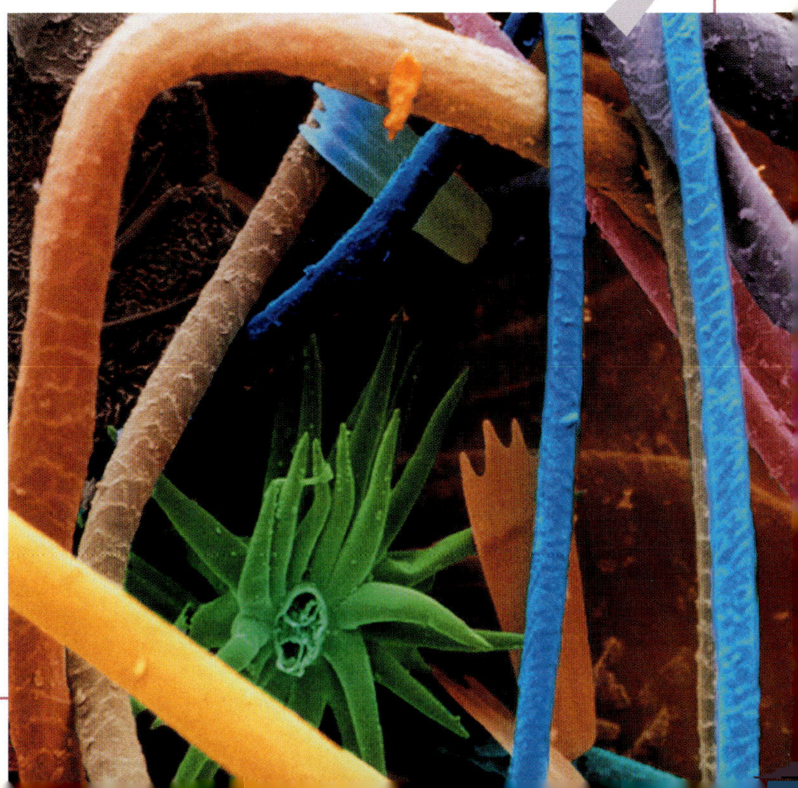

À la découverte de l'infiniment grand

Nous sommes en 1604, aux Pays-Bas. Les enfants du lunetier Hans Lippershey jouent sur le seuil de la boutique paternelle avec des lentilles de verre qui traînent là. Ils remarquent qu'en en alignant deux à une certaine distance, les objets lointains paraissent plus proches qu'ils ne le sont en réalité…

Les lunettes astronomiques

Légende ou réalité ? Toujours est-il que Hans Lippershey est un des tout premiers à fabriquer des lunettes d'approche. Ces “lunettes hollandaises” vont connaître un grand succès, et le savant italien Galilée décide d'en construire lui-même. Il a surtout l'idée de regarder vers le ciel avec, et il découvre ce que personne n'a encore jamais vu : les cratères de la Lune, les satellites de Jupiter, les anneaux de Saturne (dont il ignore la nature), les phases de Vénus, les taches du Soleil...
La lunette la plus puissante est construite en 1897 pour l'observatoire de Chicago avec une lentille géante de 1 m de diamètre.

« Ces longues lunettes à faire peur aux gens »

(Molière, *Les Femmes savantes*)

Les lentilles des premières lunettes, dont le verre renferme des bulles d'air, sont de mauvaise qualité ; pour avoir une meilleure image, il faut des lunettes d'une grande longueur. Certaines sont si longues qu'elles n'ont même pas de tube, et consistent en une poutre suspendue à un mât par un jeu de cordages, avec une lentille à chaque extrémité... Le record est de 63 m pour celle de Christiaan Huygens ! Inutile de dire qu'on peut difficilement manœuvrer de tels instruments.

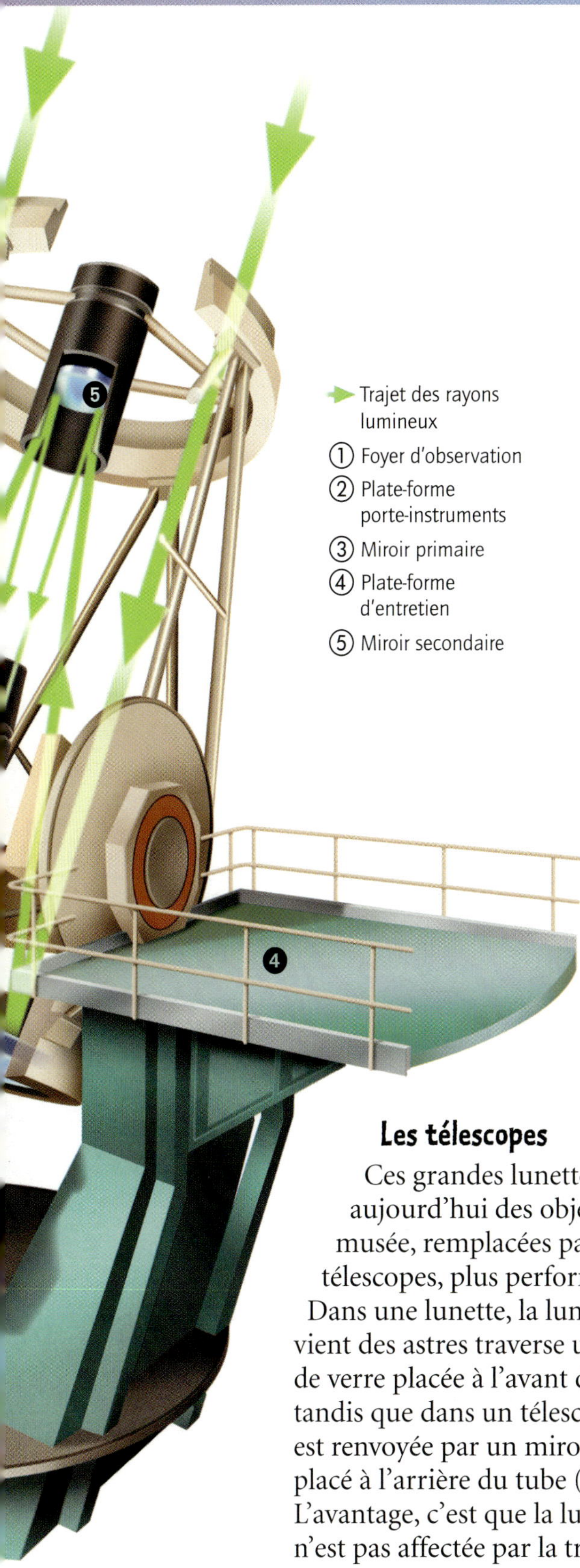

Les télescopes

Ces grandes lunettes sont aujourd'hui des objets de musée, remplacées par les télescopes, plus performants. Dans une lunette, la lumière qui vient des astres traverse une lentille de verre placée à l'avant du tube, tandis que dans un télescope elle est renvoyée par un miroir concave placé à l'arrière du tube (*ci-contre*). L'avantage, c'est que la lumière n'est pas affectée par la traversée d'une masse de verre (toujours imparfaite), ce qui donne de meilleures images. Le premier télescope, construit par le grand physicien anglais Isaac Newton vers 1670, est encore très modeste car son miroir mesure à peine 5 cm de diamètre. On est bien loin du télescope de l'observatoire du pic du Midi en France, par exemple, dont le miroir a un diamètre de 2 m (*photo ci-dessus*) et qui pourtant n'est pas le plus grand du monde.

Pour compléter l'œil de l'astronome

Au tout début, avec leurs lunettes et leurs télescopes, les astronomes ont observé les astres directement. Puis, l'œil a été complété par de nombreux appareils capables d'analyses plus poussées. Parmi les grandes "révolutions", on compte la photographie astronomique, la spectroscopie et la radioastronomie.

La photographie astronomique

Elle est née en 1840 grâce à l'astronome américain John Draper, qui est le premier à obtenir une image de la Lune. Puis les Français Foucault et Fizeau prennent la première photo du Soleil et en 1885, leurs compatriotes Prosper et Paul Henry lancent le projet de la première carte photographique du ciel.

De toutes les couleurs

La lumière émise par un astre est constituée de plusieurs couleurs que l'on peut décomposer en "spectre" grâce à un objet transparent appelé prisme. C'est le principe de la spectroscopie, une discipline qui voit le jour en 1814 grâce à l'Allemand Joseph von Fraunhofer. La couleur dominante du spectre d'une étoile permet de déterminer sa température et sa masse. La présence et la position de traits plus clairs ou plus sombres sur le spectre révèlent la composition chimique de l'astre observé, ainsi que son mouvement et donc sa vitesse. C'est grâce à la spectroscopie que l'Américain Edwin Hubble a pu mettre en évidence en 1929 le mouvement de fuite des galaxies

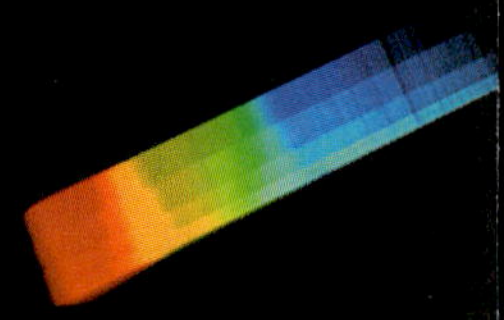

Quand la lumière émise par une étoile passe dans un prisme, elle se décompose en bandes de couleurs distinctes. Ici, on voit également des traits plus sombres (surtout dans la bande bleue), indices précieux pour les astronomes.

Cette photographie de la Lune date de 1898.

(elles s'éloignent les unes des autres). De cette découverte découle la théorie de l'expansion de l'univers (il s'étend de plus en plus).

Voir l'invisible : la radioastronomie

Notre œil n'est sensible qu'à la lumière, mais celle-ci n'est pas le seul rayonnement que nous envoient les astres. Il existe aussi des rayons ultraviolets ou infrarouges, des rayons X et des ondes radio, qui nous apportent de précieuses informations. Les premiers rayonnements non lumineux observés par les astronomes – totalement par hasard – sont des ondes radio. En 1932, l'ingénieur américain Karl Jansky est chargé de découvrir l'origine de parasites qui gênent les liaisons de radiotéléphonie en ondes courtes. Il construit alors un récepteur rudimentaire, grâce auquel il repère une émission qui se répète curieusement tous les jours avec 4 minutes d'avance, décalage qui correspond au passage des étoiles. L'émetteur mystérieux se trouve

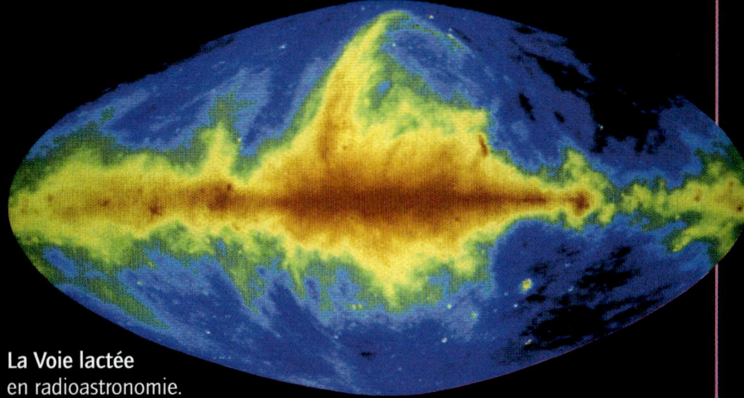

La Voie lactée
en radioastronomie.

donc dans le ciel et Jansky le localise dans la constellation du Sagittaire, au centre de notre galaxie ! Aujourd'hui, les radio-observatoires sont dotés d'antennes qui ont jusqu'à 300 m de diamètre (*à gauche*).

Voir de haut

Les satellites artificiels ont ensuite permis, à partir de 1962, d'observer les autres rayonnements émis par les astres, qui sont absorbés par l'atmosphère et donc invisibles du sol. Des satellites astronomiques scrutent ainsi le ciel pour nous en fournir une image complète. Le plus célèbre d'entre eux est le télescope spatial *Hubble* mis en orbite en 1990 (*ci-dessous*).

Observer et prévoir : les instruments de la météo

« Arc-en-ciel du soir, fait beau temps prévoir. » Des dictons comme celui-là, il en existe des milliers, utilisés par les agriculteurs ou les marins, et censés prévoir le temps du lendemain. Depuis plus d'un siècle toutefois, la météo est devenue une science, et les météorologistes professionnels peuvent aujourd'hui prévoir le temps avec environ une semaine d'avance. Il est difficile d'aller au-delà, et comme le dit un vieux proverbe : « Si tu veux mentir, parle du temps… »

La girouette
C'est Léonard de Vinci qui a eu l'idée, vers 1500, de cet instrument très simple qui permet de connaître la direction du vent.

Le baromètre
Il sert à mesurer la pression atmosphérique. Le premier modèle (à mercure) est inventé en 1643 par l'Italien Evangelista Torricelli, un élève de Galilée. Cet instrument devient plus maniable avec l'invention de la capsule vide d'air (baromètre "anéroïde") par Lucien Vidie en 1843 (*voir encadré à gauche*). Quand la pression atmosphérique est plus forte que la moyenne, c'est le signe de la présence d'un anticyclone, le plus souvent associé au beau temps ; quand elle est plus faible, il s'agit d'une dépression, synonyme de mauvais temps. Il suffit donc de suivre ces variations pour savoir le temps qu'il va faire.

Sous pression

La pression de l'air est répartie sur toute la surface de la Terre mais avec de légères variations, que l'on mesure avec un baromètre. Dans le baromètre anéroïde, quand la pression atmosphérique augmente, le poids de l'air écrase légèrement une capsule vide d'air, ce qui fait bouger une aiguille devant un cadran. À l'inverse, quand la pression diminue, la capsule reprend sa forme initiale et l'aiguille se déplace dans l'autre sens.

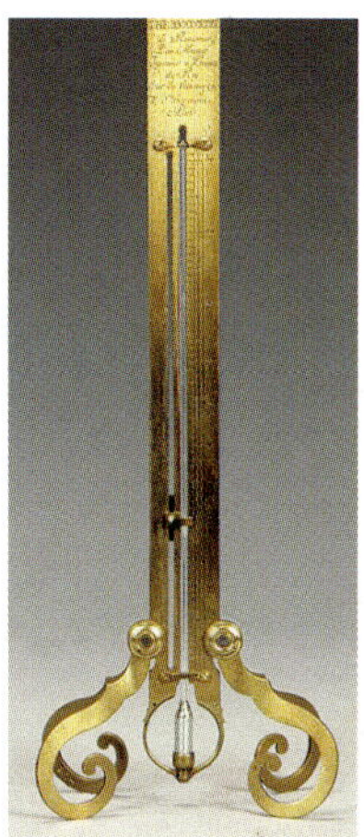

Le thermomètre
Les liquides, comme tous les corps, se dilatent plus ou moins sous l'effet de la chaleur. Sur ce principe, on a eu l'idée de placer dans un petit réservoir surmonté d'un tube en verre un liquide à forte dilatation comme le mercure ou l'alcool. En graduant le tube, on peut suivre cette dilatation et ainsi mesurer la température. Le premier véritable thermomètre date de 1665. Différentes échelles de "degrés" ont été utilisées, avant que le Suédois Celsius ne propose en 1742 l'échelle la plus pratique où, après quelques modifications, 100 correspond à la température de l'eau bouillante et 0 à celle de la glace fondante.

L'hygromètre

Nous avons tous remarqué que les cheveux longs ont tendance à friser quand le temps est à la pluie. L'explication est simple : c'est parce que leur longueur augmente avec le degré d'humidité de l'air, et diminue quand le temps est sec. Cette propriété a été remarquée par le duc Ferdinand II de Toscane qui, vers 1645, construit sur ce principe un "hygroscope". Mais c'est au savant suisse Horace Benedict de Saussure que l'on doit, en 1783, le premier hygromètre, appareil gradué permettant une mesure précise du taux d'humidité dans l'air.

L'anémomètre

Pour mesurer la vitesse du vent, on utilise un anémomètre. À la fin du XVIIe siècle, le physicien anglais Robert Hooke perfectionne un instrument rudimentaire, conçu en Italie deux siècles auparavant par Leone Alberti. Des instruments plus précis sont réalisés par la suite, dont l'anémomètre à coupelles (*photo*) inventé par l'Irlandais Thomas Robinson en 1846 et toujours utilisé aujourd'hui.

Le pluviomètre

Au IVe siècle av. J.-C., en Inde, on cherche déjà à mesurer la quantité de pluie tombée en un endroit précis. Le pluviomètre gradué apparaît en 1639 en Occident grâce à l'Italien Benedetto Castelli, mais c'est en 1677 qu'une mesure précise des chutes de pluie devient possible grâce au pluviomètre de l'Anglais Towneley.

Météo-France est née d'une tempête

À la mi-novembre 1854, en pleine guerre de Crimée, une partie des flottes française et turque est détruite en mer Noire par une violente tempête. L'astronome Urbain Le Verrier retrace le trajet de la perturbation à travers l'Europe, et constate que tous les observatoires du continent ont suivi son passage : la tempête aurait donc pu être annoncée s'il avait existé un réseau météorologique. C'est ainsi qu'est créé un des tout premiers services météo du monde, à l'observatoire de Paris, qui diffuse des "bulletins du temps" à partir de 1863. Quinze ans plus tard est fondée l'Organisation météorologique internationale.

De plus en plus sophistiqué...

En plus de ces instruments traditionnels, qui équipent sous leur forme la plus moderne quelque 14 000 stations officielles à travers le monde, les météorologistes actuels utilisent deux moyens devenus absolument indispensables : des satellites d'observation (qui photographient les nuages toutes les 30 minutes) et des super-ordinateurs capables d'analyser rapidement les milliards de chiffres correspondant à ces observations.

Les grands inventeurs

Il est impossible de dresser une liste de tous les inventeurs que la Terre a connus. Plus rares sont ceux qui se distinguent par leur polyvalence, inventeurs touche-à-tout qui ne sont pas toujours allés au bout de leurs idées, mais qui ont ouvert la voie à d'autres. Voici quelques grandes figures de ce "hit-parade" des découvreurs.

Archimède, le "premier des inventeurs"

Ce savant, fils d'un astronome, a vécu entre 287 et 212 avant notre ère, à Syracuse en Sicile, qui est alors une colonie grecque. En géométrie, il est le premier à trouver la valeur de « pi », qui permet de calculer la circonférence d'un cercle.
En physique, il découvre la notion de centre de gravité, et donc l'équilibre des corps ; il expose la théorie des leviers (« donnez-moi un point d'appui et je soulèverai le monde », dit-il), et énonce le fameux "principe d'Archimède" selon lequel tout corps plongé dans un liquide reçoit une poussée de bas en haut. Inventeur infatigable, il imagine notamment la poulie, les engrenages, la vis hydraulique, l'hélice marine et pour les soldats de Syracuse, il fabrique des boucliers réfléchissants qui concentrent les rayons du soleil sur la flotte ennemie, faisant croire à son commandant qu'il a en face de lui des guerriers de feu... Mais Archimède mourra sous la lance d'un soldat romain, à la fin du siège de la ville qu'il avait tant contribué à défendre.

Protéger son invention

Le brevet, qui réserve à l'inventeur le droit d'exploiter son invention, a vu le jour à Venise au XVe siècle, car cette ville souhaitait encourager l'initiative individuelle, favorable à son industrie. Aujourd'hui, dans chaque pays, un organisme spécialisé veille au respect de la propriété industrielle. L'Office européen des brevets est basé à Munich, en Allemagne, et l'Office mondial à Genève, en Suisse. En France, le concours Lépine récompense chaque année depuis 1902 les petits inventeurs. Il porte le nom de son instigateur, Louis Lépine (1846-1933), préfet de police de Paris.

Léonard de Vinci, le génie de la Renaissance

Léonard de Vinci est né en 1452 en Italie dans le petit village de Vinci, d'où son nom. Il sait écrire, chanter, jouer de la lyre, peindre (qui ne connaît pas *La Joconde*?) et sculpter. Il étudie aussi la botanique, la biologie, l'astronomie, la géologie, les mathématiques : tout l'intéresse ! Mais il est également architecte et ingénieur, et a presque tout imaginé, dans tous les domaines. Dans les années 1480, il trace les plans d'un grand nombre de machines, qui sont les ancêtres des planeurs, des hélicoptères, des chars d'assaut, des ventilateurs, ou de systèmes comme les écluses. On lui doit aussi l'idée du parachute. À l'appel du roi François Ier, il a passé les trois dernières années de sa vie en France, dans un manoir de la vallée de la Loire, près d'Amboise.

D'abord attiré par le domaine militaire, Léonard de Vinci a notamment imaginé un ensemble de petits canons pouvant tirer simultanément. C'est l'ancêtre de la mitrailleuse...

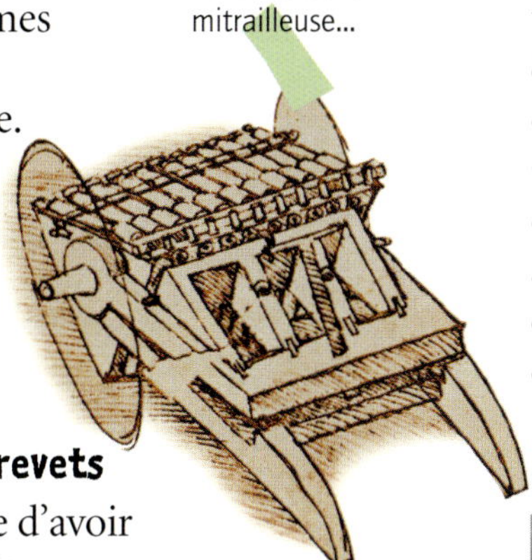

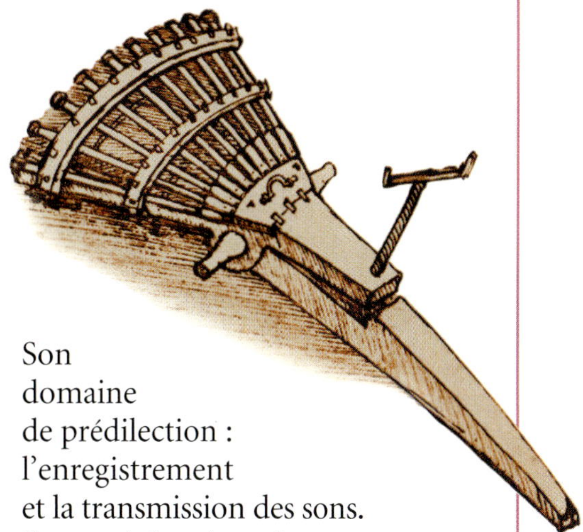

Edison, l'homme aux 1 000 brevets

Il n'est pas toujours nécessaire d'avoir fait de longues études pour être un ingénieur de génie. L'Américain Thomas Edison (1847-1931) en a été la preuve vivante. Après s'être fait renvoyer de l'école à 7 ans, il a dû tout apprendre par lui-même. Vendeur de journaux à 12 ans, cet autodidacte a déposé un très grand nombre de brevets. Son domaine de prédilection : l'enregistrement et la transmission des sons. Il conçoit le microphone, le phonographe, le télégraphe duplex (envoi de deux messages en sens inverse sur la même ligne), le Dictaphone. À 22 ans, il invente un télé-imprimeur qu'il vend très cher. Puis il fabrique un "kinétoscope", ancêtre du projecteur de cinéma, et construit d'ailleurs dans sa propriété le premier studio de cinéma. On doit également à Edison une invention très importante dans notre vie quotidienne : celle de l'ampoule d'éclairage. C'est pourquoi, le soir du 21 octobre 1931, jour de ses obsèques, on a baissé les lumières dans tous les États-Unis, en signe de deuil.

Petites histoires d'inventions

John Montagu, comte de Sandwich, est un passionné de jeu. Pour ne pas avoir à quitter la table à l'heure du déjeuner, il demande à son cuisinier de lui préparer un petit repas simple. On lui apporte alors une tranche de jambon entre deux tartines de pain beurré : c'est le premier "sandwich". Cette "petite histoire" n'est pas unique, la preuve...

Le destin tragique de Rudolf Diesel
Rudolf Diesel (1858-1913), un Allemand originaire de Bavière mais vivant à Paris, a inventé le célèbre moteur qui porte son nom. Dans ce moteur, qui fonctionne à l'huile lourde (gazole), l'explosion se fait par la simple compression d'un mélange air-gazole, sans allumage (*voir aussi pp. 58-59*). Son invention est adoptée dans le monde entier à partir de 1897, mais ses brevets ne lui rapportent rien. Ruiné, il se suicide 15 ans plus tard en se jetant dans la Manche...

Adolphe Sax, le génie malchanceux
Le Français d'origine belge Adolphe Sax (1814-1894) a connu une enfance pour le moins agitée et a frôlé la mort un grand nombre de fois : alors qu'il sait à peine marcher, il fait une chute de trois étages ; une autre fois, il avale un verre d'acide puis une épingle. Plus tard, il est gravement brûlé par une explosion de poudre, tombe sur un poêle en fonte, reçoit un pavé sur la tête, et manque de se noyer dans une rivière ! Autodidacte, il fabrique ses propres instruments de musique et, dans les années 1840, il conçoit une clarinette révolutionnaire, le saxophone (du nom de son inventeur, bien sûr !), qui séduit le grand compositeur Hector Berlioz. Mais ce succès suscite des jalousies : on empêche les musiciens d'utiliser ses instruments, on publie sur Sax des articles blessants, et on lui fait de nombreux procès qui vont le ruiner. Le jazz, musique nouvelle adaptée au saxophone, est sa revanche posthume.

Samuel Colt, l'inventeur du western

Dès son jeune âge, Samuel Colt (1814-1862) s'intéresse à la mécanique, aux armes et aux explosifs. Cet ingénieur américain invente le "revolver", un pistolet équipé d'un distributeur de balles (barillet) qui tourne sur lui-même (*to revolve* en anglais signifie "tourner"). Grâce au "colt", les rangers et les cow-boys du Far West peuvent désormais tirer jusqu'à 6 coups sans recharger (*voir p. 112*). Les premiers revolvers sont fabriqués en 1836 pour la marine texane. Le Texas, toute jeune république indépendante, est alors en guerre contre les Mexicains et les Indiens.

Samuel Morse : des traits et des points

Abandonnant une carrière de peintre, l'Américain Samuel Morse (1791-1872) invente vers 1834 le télégraphe électrique, pour lequel il propose un alphabet spécial : le code Morse. Des impulsions électriques plus ou moins longues sont envoyées le long des câbles du télégraphe ; elles correspondent à des traits et des points, qui eux-mêmes correspondent à des lettres. Ainsi, une combinaison "point-trait" (ou impulsion courte-impulsion longue) donne la lettre A, "trait-point-point-point" (longue-courte-courte-courte) la lettre B et ainsi de suite. Pour certains historiens, l'idée de cet alphabet serait en fait celle de l'assistant de Morse, Alfred Vail. Quoi qu'il en soit, le public, au début, considère cette nouvelle invention comme un gadget.

La nature fait bien les choses...

L'ingénieur suisse Georges de Mestral, après avoir remarqué en rentrant de la chasse que des chardons sont restés accrochés à ses vêtements, décide de les observer au microscope. Il s'aperçoit que leurs poils sont en fait de minuscules crochets recourbés. Il fixe alors sur une bande de tissu des crochets en matière plastique de forme et de taille identiques, et sur une autre bande, des boucles complémentaires. Lorsqu'il les presse l'une contre l'autre, les deux parties s'emboîtent et tiennent sans boutons. Il baptise ce système "Velcro", contraction de "VELours et CROchet", et dépose le brevet en 1951. Le Velcro sert même à bord des vaisseaux spatiaux pour fixer facilement les objets en apesanteur...

Inventions de demain

Dans les années 1950, on imaginait qu'en l'an 2000 les toits des immeubles des grandes villes seraient tous des plates-formes pour hélicoptère. À la même époque, personne n'avait envisagé le téléphone mobile ni la possibilité de s'envoyer instantanément des photographies. Bien malin celui qui peut dire avec certitude ce que nous réserve l'avenir…

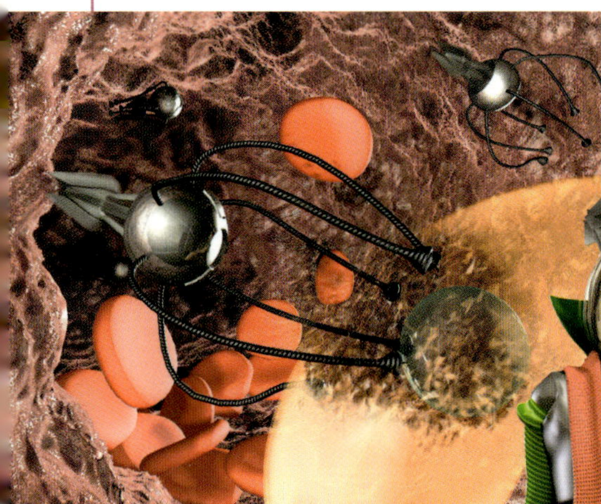

Des robots pour explorer le corps humain

Grâce aux progrès de la miniaturisation, on peut envisager la fabrication d'objets microscopiques, de l'ordre du millionième de millimètre. C'est donc la possibilité de construire des robots si petits qu'ils pourront se promener à l'intérieur du corps humain : dans le tube digestif ou les vaisseaux sanguins, par exemple. Ainsi, les médecins pourront inspecter l'état de certains organes et même procéder à des opérations très localisées.

Une écharpe-téléphone, une jupe qui fait écran vidéo, un pantalon qui se nettoie tout seul, un tee-shirt médicament ou encore des lunettes à TV intégrée : c'est peut-être la mode de demain.

L'ordinateur intégré aux vêtements

La mise au point de puces électroniques sur des supports souples – au lieu du support rigide qu'est le silicium actuel – va permettre de réaliser des circuits informatiques pouvant être cousus dans des vêtements, ou même insérés sous la peau ! Chacun aurait alors sur lui, en permanence, un ordinateur faisant office d'agenda, de mémoire, d'alarme, de moyen de communication, etc.

Voilà comment certains, en 1910, imaginaient l'école de l'an 2000...

Week-end en orbite ou croisière vers la Lune

Des destinations très exotiques seront bientôt proposées aux touristes fortunés : d'abord des séjours en orbite autour de la Terre (un premier voyage a déjà été effectué en 2004), puis autour de la Lune ! Deux chaînes d'hôtels internationales, l'américain Hilton et le japonais Shimizu, ont en effet tracé les plans d'un hôtel cosmique pour les années 2020 (*ci-dessous*). L'Organisation mondiale du tourisme conclut, dans un rapport présenté lors d'un congrès à Istanbul en 1998, que les voyages dans l'espace seront une tendance dominante de l'industrie du tourisme au XXIe siècle.

La voix de son maître

Des machines qui obéissent au son de la voix humaine existent déjà, mais des recherches sont en cours pour créer des systèmes capables d'exécuter des ordres plus complexes. Ainsi, dans une voiture, on pourra commander les essuie-glaces, les phares, l'ouverture ou la fermeture des vitres, sans appuyer sur aucun bouton (*voir p. 61*). Les mêmes systèmes, associés à un ordinateur puissant et très miniaturisé, permettront de traduire instantanément une conversation dans n'importe quelle langue.

Travailler, vers le moindre effort

Le travail, dit-on, c'est la santé... En tout cas, c'est toujours le résultat d'un effort physique ou intellectuel. C'est d'ailleurs pourquoi ce mot vient du latin *tripalium*, qui est un instrument de torture ! En effet, le travail, bien souvent, est pénible, et depuis les débuts de la civilisation, les hommes ont toujours cherché à réduire cet effort physique, en utilisant d'abord la force animale, puis celle des machines. Ils ont dû alors trouver de nouvelles sources d'énergie pour alimenter des engins toujours plus nombreux et plus puissants.

La grande panoplie des outils

Tout a commencé, peut-être, quand un chasseur a ramassé un caillou (que les archéologues appellent "percuteur") et l'a brisé contre un autre ("nucléus"). En les frappant de nouveau, il a appris, à force de patience, à tracer une arête coupante, utilisée tout à la fois comme arme et comme outil. Ce premier emploi d'éclats de pierre remonte à environ 35 000 ans : la technique était née.

Le marteau

Le premier marteau a sans doute été un galet tenu à la main, et le premier perfectionnement a consisté à emmancher ce galet. Mais la pierre est un matériau relativement fragile et le marteau en métal ne fait son apparition qu'à l'âge du bronze.

La scie

Les silex à bord cranté des hommes préhistoriques sont une forme de scie. La première scie moderne, semblable à celle des menuisiers d'aujourd'hui, est dessinée sur une poterie étrusque. Ce sont les Romains qui inventent la scie montée sur cadre, complétant la scie "égoïne" faite d'une lame au bout d'un manche (*en haut*). La scie à métaux date du XVe siècle.

Le rabot

Les plus anciens rabots retrouvés sont gallo-romains. Ce sont en quelque sorte des grattoirs perfectionnés, dont la lame métallique permet de supprimer les aspérités du bois. Ainsi peut-on rendre une planche plus lisse, parfaitement plane, et parfois réduire son épaisseur à la taille voulue.

Les outils préhistoriques

Au paléolithique, voilà 20 000 ans, nos ancêtres coupent des baies avec des lames de silex coincées dans des manches en bois, modèles des faucilles actuelles. Ces premiers outils de pierre taillée marquent la naissance de la technique, savoir qui va se transmettre de génération en génération et se perfectionner. Les hachoirs et les grattoirs d'origine vont se transformer en lames, en pointes de flèches, en harpons, en perçoirs. L'homme de Néanderthal, puis l'homme de Cro-Magnon, apprennent à travailler le bois et la corne, pour se confectionner des sagaies ou des hachettes. Ils disposent finalement d'une panoplie d'outils qui leur permettent aussi bien de travailler des peaux pour réaliser des vêtements, que de faire de la vannerie ou de fabriquer des tentes. Les techniques liées au feu (poterie, verre, métal) font leur apparition avec les débuts de la civilisation.

Du neuf avec du vieux

Tous les outils de base inventés dans la préhistoire ou l'Antiquité sont encore utilisés aujourd'hui ! Bien sûr, ils ont été considérablement perfectionnés, et peuvent maintenant être actionnés par des moteurs électriques. Plusieurs types d'outils (raboteuses, fraiseuses, visseuses par exemple) peuvent même être réunis en une seule machine pour réaliser en une seule fois et automatiquement tout un ensemble d'opérations : ce sont des "machines-outils".

La perceuse

La première perceuse est celle du Français Jacques de Vaucanson. Elle fait en réalité partie de toute une série de "machines d'établi", créées par les bijoutiers du XVIIIe siècle. Elle consiste en une simple vrille tournée à la main. La première perceuse mécanique de forte puissance est celle de l'Anglais Whitworth (1835).

Le fil à plomb

Le fil à plomb, très utile pour construire des murs bien verticaux, est connu des Égyptiens dès l'Antiquité. Les Romains l'utilisent également beaucoup.

Le niveau

Pour vérifier l'horizontalité d'une construction, on se sert du niveau à eau, décrit pour la première fois à la fin du XVIe siècle. Il n'est utilisé couramment que 100 ans plus tard sous forme d'une règle dans laquelle se trouve emprisonné un tube gradué rempli d'eau, où l'on a laissé un peu d'air. Cette bulle d'air se déplace dans le tube, d'un côté ou de l'autre, tant que l'instrument est incliné. Quand la bulle est au milieu, c'est que le niveau, et donc le mur, sont parfaitement horizontaux.

Cultiver la terre

L'agriculture a commencé quand les hommes se sont sédentarisés, il y a 13 000 ans de cela. Au fil des siècles, les instruments du travail de la terre n'évoluent guère jusqu'à l'ère industrielle, qui voit apparaître en moins de 70 ans presque toutes les machines agricoles modernes.

De l'araire à la charrue

L'apparition de l'araire, qui ne laboure que superficiellement, marque le début d'une véritable activité agricole. Cela se passe il y a près de 6 000 ans, en Mésopotamie. L'assemblage, fait de bois et de cordes, est d'abord poussé par un homme. Entre le Ier et le VIIIe siècle de notre ère, on invente la charrue, qui est un araire doté de roues et qui permet de labourer plus en profondeur. Grâce à la charrue, on peut ouvrir, rejeter et retourner la terre en un seul passage. On passe alors de l'artisanat agricole à une culture à grande échelle. La charrue moderne, qui trace plusieurs sillons en un seul passage, apparaît vers 1730.

Le "chariot-tondeur" de Patrick Bell (1826) est l'ancêtre de la moissonneuse. Les chevaux poussent l'engin qui se déplace vers la gauche de l'image.

Ne plus semer à tout vent

Jusqu'au XVIIe siècle, les semailles se font à la main. En 1662, en Grèce, apparaissent quelques tentatives de mécanisation. Mais c'est seulement en 1701, grâce au semoir mécanique inventé par le fermier anglais Jethro Tull, que l'on peut distribuer les semences de façon régulière dans des sillons creusés et rebouchés automatiquement, sur plusieurs rangées en même temps.

Récolter ce qu'on a semé

Grâce à toutes ces inventions, les récoltes sont devenues, au fil des siècles (sauf catastrophes dues au climat), de plus en plus importantes. Pour soulager le travail manuel – pénible et fatigant – des paysans, la mécanisation se développe dès que la technique le permet. D'abord pour faucher. Ce sont les Gaulois qui ont l'idée de fixer des faux sur le côté d'un char, et ce curieux assemblage préfigure la première moissonneuse mécanisée. Bien plus tard, dans le courant du XIXe siècle, un nommé Patrick Bell, en Angleterre, fabrique le premier véritable engin moissonneur mécanisé. Mais les ouvriers agricoles, craignant pour leur emploi, détruisent sa machine. Un fermier américain, Cyrus McCormick, peut au contraire vendre sans problème son invention, qui fait le travail de six bras, et il doit même se battre contre les imitateurs... C'est la moissonneuse la plus populaire du monde.

Regroupées par un diviseur de récolte ①, les tiges des céréales sont sectionnées par un tablier de coupe situé en dessous du rabatteur d'épis ②. Une sorte de tapis roulant, la trémie ③, achemine les tiges vers une grille vibrante ④ qui fait tomber les grains sur un tamis. Les grains sont alors aspirés et évacués par une goulotte de décharge ⑤ qui les déverse au fur et à mesure dans la benne d'un camion roulant en parallèle, à la même vitesse. La tige de la plante est compressée et évacuée vers l'arrière sous forme de bottes de paille ramassées par la suite.

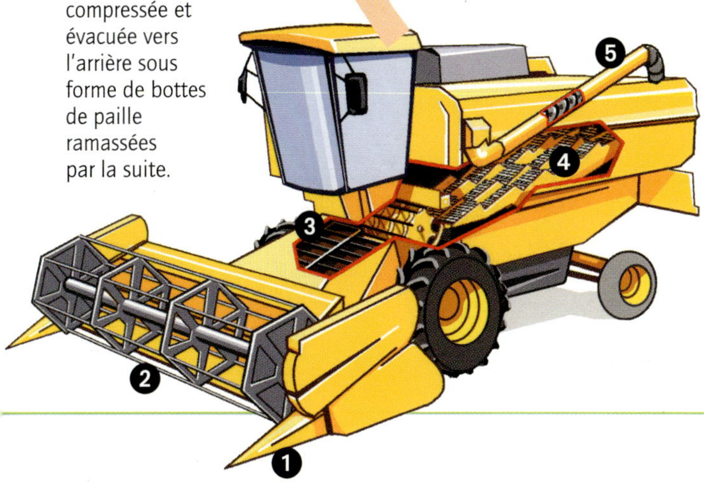

Tracteurs à tout faire

C'est dans la première décennie du XXe siècle que le cheval de trait et de labour est progressivement remplacé par le tracteur mécanique, avec moteur à explosion. Le premier modèle, en 1889, est muni de roues en fer et difficile à manœuvrer. Un quart de siècle plus tard, les progrès de la mécanique l'ont rendu plus léger, plus rapide et plus puissant. Une invention capitale est la "prise de force", qui permet au moteur du tracteur de faire tourner divers engins agricoles attelés à celui-ci.

Les engrais

Au début du premier millénaire avant notre ère, il est déjà courant d'utiliser les déjections animales – et humaines ! – pour fertiliser le sol. Mais l'utilisation intensive de nouveaux engrais n'apparaît qu'après 1840 : ce sont des engrais naturels (avec le "guano", des excréments d'oiseau importés du Pérou), mais aussi chimiques (avec le nitrate venu des mines du Chili et de la poudre d'os, les phosphates).

Des énergies à portée de main

Toute activité, même la plus simple, exige de l'énergie. Toutes nos machines en consomment. Qu'elle provienne de sources "fossiles" ou "renouvelables", l'énergie est à portée de la main. Depuis des siècles, l'homme a appris à la recueillir, à l'utiliser et à la transformer...

Les **barrages hydroélectriques** retiennent l'eau des fleuves et des lacs. Quand cette eau est libérée, elle se déverse avec beaucoup de force et entraîne des turbines couplées à des générateurs d'électricité.

Les pales des **éoliennes** tournent sous l'action du vent. Elles sont reliées à un générateur qui produit de l'électricité.

Il ne faut pas confondre l'énergie avec les matériaux qui servent à la produire. Pétrole, gaz, charbon ou uranium, par exemple, ne sont pas des énergies mais des matières premières capables de libérer de l'énergie. De l'eau qui devient vapeur, du pétrole qui se vaporise, de l'air qui se déplace, délivrent de l'énergie capable d'actionner une machine. L'énergie, par ailleurs, se transforme. L'essence de pétrole brûlée dans le moteur d'une automobile (énergie chimique) provoque, par expansion des gaz dans les cylindres, un mouvement qui, transmis aux roues, fait avancer le véhicule (énergie mécanique). Une partie de cette énergie de mouvement est récupérée pour faire fonctionner des équipements comme les phares, les essuie-glaces ou l'autoradio (énergie électrique). L'énergie peut provenir de diverses sources, le plus souvent de combustibles qu'on brûle (charbon, pétrole, gaz).

Les **cellules photovoltaïques** des panneaux des voitures solaires captent la lumière et la transforment en énergie électrique, qui fait avancer le véhicule. Sur le toit de certaines maisons, des plaques métalliques couvertes d'une vitre chauffent au soleil. La chaleur est transmise à un tube soudé à la plaque : on a ainsi un chauffe-eau solaire très économique.

Dans une **centrale géothermique,** de l'eau froide est injectée dans le sous-sol où elle se réchauffe en s'approchant du magma. Elle remonte sous forme de vapeur et actionne des turbines reliées à des générateurs électriques.

Ces sources d'énergie dites "fossiles" - actuellement dominantes - sont perdues une fois qu'on les a consommées, et nous allons détruire en quelques siècles ce que la nature a mis des millions d'années à fabriquer. C'est pourquoi on s'intéresse de plus en plus aux énergies renouvelables comme celles du vent (énergie éolienne), de l'eau (hydraulique ou marémotrice), de la chaleur de la Terre (géothermique) et du Soleil (solaire). Il existe aussi l'énergie nucléaire qui utilise la radioactivité de l'atome d'uranium (*voir pp. 48-49*).

La source d'énergie de l'avenir est peut-être l'hydrogène, extrait de l'eau de mer. Il existe en quantité considérable et, associé à l'oxygène, il se consume en redonnant de la vapeur d'eau, ce qui n'entraîne aucune nuisance ni pollution.

Des moteurs pour remplacer les muscles

Avec la machine à vapeur, pour la première fois, l'homme peut disposer d'une force bien supérieure à la sienne, et même à celle de tous les animaux utilisés jusque-là. Pourtant, il y a mieux encore et on atteint bientôt des puissances permettant la mise au point de nouveaux modes de transport et de nouvelles machines qui ne demandent plus le moindre effort... ou presque !

La machine à vapeur

C'est le Français Denis Papin qui établit en 1687 le principe de la machine à vapeur. Il montre comment faire le vide dans un cylindre, en utilisant les possibilités d'évaporation de l'eau et de condensation de cette vapeur. Mais l'histoire de la machine à vapeur va surtout s'écrire en Angleterre. Dans ce pays où les mines sont nombreuses, on cherche à évacuer les eaux souterraines qui les inondent, et à remplacer les pompes actionnées par des chevaux. La première pompe à vapeur, encore peu efficace, est construite par l'ingénieur militaire Thomas Savery, en 1698. Un demi-siècle plus tard, le mécanicien écossais James Watt constate que les machines existantes gaspillent une grande partie de la chaleur contenue dans la vapeur. Il construit alors ses propres machines, bien plus performantes : pour obtenir une puissance de 1 cheval-vapeur, elles n'ont besoin que de 4 kg de charbon au lieu de 30 précédemment ! Bien vite, on trouve à ces machines toutes sortes d'utilisations : elles actionnent des pompes, des moulins, des presses, des métiers à tisser, et bientôt, elles propulseront des navires et des locomotives...

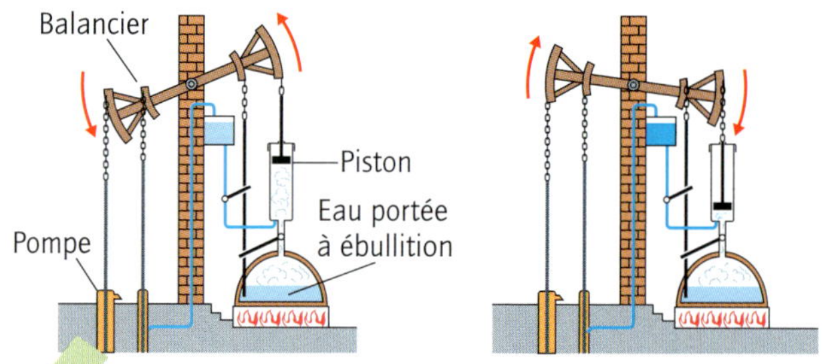

La pression de la vapeur produite par l'ébulliton de l'eau dans le foyer pousse le piston vers le haut. Puis celui-ci redescend. Bientôt, une nouvelle bouffée de vapeur le repoussera. Ce mouvement du piston actionne un balancier relié à une pompe, qui aspire l'eau de la mine.

Enfant, James Watt fait ses premières expériences avec la vapeur... en prenant le thé !

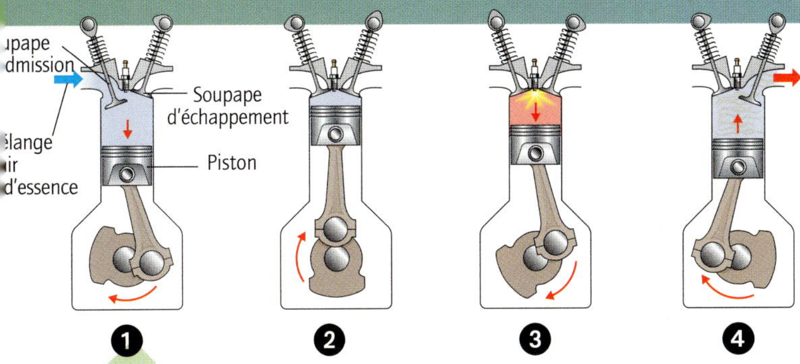

Dans un moteur à 4 temps, le piston aspire d'abord un mélange d'air et d'essence ①. Puis ce mélange est comprimé par le retour du piston ② et enflammé par l'étincelle d'une bougie électrique ③. Enfin, à son retour en position initiale, le piston expulse les gaz brûlés à l'extérieur ④.

Le moteur à explosion

Le premier moteur à explosion est inventé en France par Philippe Lebon. En 1801, il réussit à actionner un piston, coulissant dans un cylindre, grâce à l'explosion d'un mélange d'air et de gaz d'éclairage. Le principe est très simple : lorsque ce mélange explose sous l'effet d'une étincelle électrique, un certain volume de gaz est produit qui, faute de place, repousse avec force le piston vers le haut, avant de s'échapper par une soupape. Mais le moteur de Lebon n'est pas encore un vrai moteur. Celui-ci est assemblé 60 ans plus tard par Étienne Lenoir : il est alimenté au gaz, possède déjà une sorte de carburateur, un allumage électrique, un refroidissement par eau... En 1862, l'ingénieur Alphonse Beau de Rochas conçoit un moteur d'un principe un peu différent, où le mélange détonnant est comprimé avant d'être enflammé : c'est le cycle à 4 temps, qu'utilisent tous les moteurs de voiture actuels. En 1876, deux ingénieurs allemands (Nikolaus Otto et Eugen Langen) construisent sur ce principe un moteur opérationnel, tandis que Gottlieb Daimler remplace le gaz par l'essence de pétrole.

Le moteur électrique

Un courant électrique fait dévier une aiguille aimantée. Le savant Michael Faraday invente ainsi en 1821 un dispositif électrique qui fait tourner un aimant, et découvre le principe du moteur électrique. Deux ans plus tard, Peter Barlow repart de ces travaux et fabrique une roue métallique découpée en étoile et partiellement plongée dans du mercure : c'est le premier véritable moteur électrique. La gamme de ces moteurs est très vaste : ils actionnent aussi bien de tout petits systèmes (les aiguilles d'une montre par exemple) que d'énormes machines (roue de locomotives, etc.), en passant par les perceuses, les ventilateurs, les mixeurs ou les moulins à café. Tous les moteurs réunis consomment 60 % de l'électricité produite dans le monde... C'est dire la place qu'ils tiennent aujourd'hui.

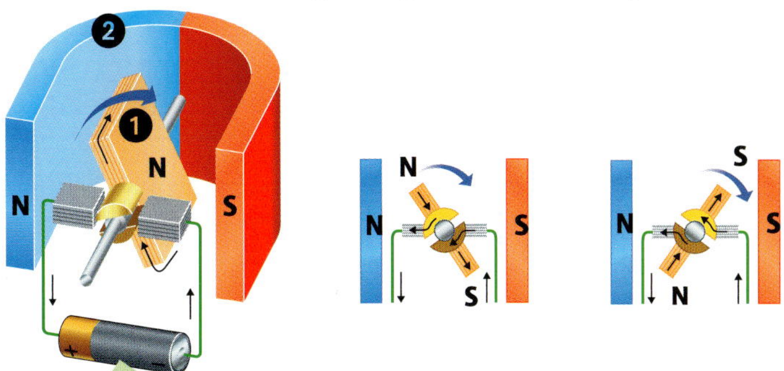

La force d'attraction ou de répulsion d'un aimant provient de ses deux extrémités appelées pôle nord (N) et pôle sud (S). Quand on approche les pôles identiques de deux aimants, ceux-ci se repoussent. En faisant passer du courant électrique dans une bobine, on peut la magnétiser ; on crée ainsi un "électroaimant". Si le courant passe dans un sens, puis dans un autre, les pôles changent : le N devient S, puis N, et ainsi de suite, tant que le courant passe. On place un électroaimant ① dans un aimant fixe ② ; quand son pôle N est face au pôle N de l'aimant fixe, il est repoussé vers le pôle S de celui-ci ; puis le courant change et le pôle N de l'électroaimant devient pôle S et est à nouveau repoussé. L'ensemble se met à tourner.

À la chaîne...

L'ouvrier spécialisé des années 1950 et 1960 n'existe plus guère aujourd'hui. Dans les usines, des robots l'ont remplacé. Une chaîne d'assemblage d'automobiles, par exemple, n'est qu'un alignement d'automates penchés au-dessus d'un tapis roulant, quelques techniciens suffisant à contrôler cette armée de robots.

Les automates sont surtout des bras articulés, capables de prendre toutes les positions voulues en reproduisant le mouvement d'un bras humain pour assembler le véhicule. Les ordres qui leur sont transmis sont contenus dans un ordinateur et permettent d'exécuter l'assemblage des différentes pièces, de souder, de visser, de peindre, et même de changer d'outil. Dans l'atelier de montage se présente d'abord le châssis (la "carcasse") du véhicule, qui est progressivement "habillé" par les différents équipements : moteur, tableau de bord, sièges, portes, etc. Les voitures avancent sur la chaîne à vitesse constante et les robots prennent les différentes pièces pour les fixer au fur et à mesure. Des capteurs permettent de détecter une pièce mal placée ou de rectifier un mouvement anormal. L'assemblage se fait en continu, dans un ordre bien précis, l'arrivée des pièces détachées étant elle-même automatisée afin de ne pas encombrer la chaîne, ni provoquer de temps mort. Cette méthode de production du "juste-à-temps" ou "flux-tendu", aujourd'hui généralisée, a été inventée dans les années 1970 par un ingénieur japonais, Taïchi Ohno. C'est la plus grande innovation dans les méthodes de fabrication depuis l'organisation scientifique du travail à la chaîne prônée par Taylor (*voir encadré*).

Le taylorisme

L'ingénieur américain Frederick Taylor (1856-1915) est surtout connu en tant qu'économiste. Il a en effet inventé un tout nouveau système d'organisation du travail, où la division des tâches de fabrication permet de mieux contrôler la qualité tout en augmentant le rendement. C'est la naissance de la fabrication à la chaîne moderne. Chaque ouvrier a toujours le même travail à faire, et l'assemblage se fait en fin de chaîne. Cette méthode (baptisée "taylorisme") a d'abord tenu compte de l'aspect humain, en basant la production sur le rythme moyen. Mais, pour augmenter le profit, la productivité a ensuite été calculée sur le rythme de l'ouvrier le plus rapide, avec pénalités pour celui qui n'atteignait pas le rendement voulu...

Soulever et creuser

Quand on voit les statues géantes de l'île de Pâques ou les pyramides d'Égypte, on a du mal à imaginer que les hommes aient réussi à déplacer et assembler de telles masses de pierre à mains nues… L'invention de la roue, qui facilite le transport de lourdes charges, a été une vraie révolution. La mécanique, en associant divers systèmes (treuils, poulies, etc.) à des sources d'énergie, a ensuite rendu possibles de nouveaux prodiges.

Palans et monte-charges

La poulie, le treuil, le palan et la manivelle sont très anciens : la première représentation de poulie (sur un bas-relief assyrien) date de 870 av. J.-C. ! Trois siècles avant notre ère, on construit déjà des monte-charges pour hisser de lourds fardeaux. Comme à l'époque il n'existe aucun moteur, la force de traction est fournie par des animaux tirant des cordes qui s'enroulent sur un "tambour". En 212 av. J.-C., le savant grec Archimède invente une grue à trois poulies si puissante qu'elle peut, dit-on, soulever un navire de guerre !

Grues et ascenseurs

À l'ère de la machine à vapeur apparaissent les premiers monte-charges mécaniques, ensuite actionnés par des moteurs électriques, plus faciles d'utilisation et moins bruyants. Comme on ne peut enrouler sur les tambours qu'une longueur de câble limitée, l'utilisation du contrepoids est un grand progrès. Mais il faut aussi régler le problème des accidents mortels dus à la rupture des câbles de suspension. En 1853, à l'Exposition universelle de New York, le mécanicien américain Elisha Otis présente un dispositif (baptisé "parachute") qui stoppe la chute de la cabine en cas de rupture. À partir de 1857, les ascenseurs pour passagers commencent à se multiplier dans les grands immeubles et permettent d'accéder sans fatigue aux étages les plus élevés.

① Armoire de commande
② Machine de traction
③ Limiteur de vitesse
④ Câbles de suspension
⑤ Parachute
⑥ Câble du limiteur de vitesse
⑦ Contrepoids
⑧ Amortisseurs

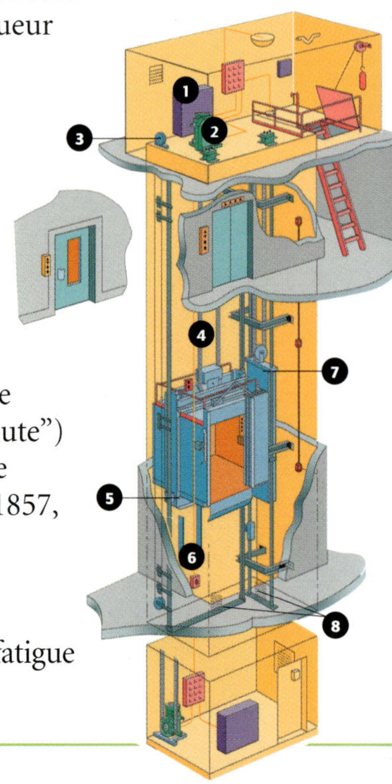

Ça creuse !

Il y a 2 500 ans, l'architecte grec Eupalinos fait percer un tunnel pour alimenter la ville de Samos avec l'eau d'une source située à 1 km de là. Pour cette galerie, les hommes doivent creuser la roche à la pioche. Au XIXe siècle, l'ingénieur anglais Marc Brunel est le premier à utiliser un bouclier cylindrique en métal, qui avance en même temps que le tunnel est creusé. Il est alors possible d'éviter tout risque d'effondrement pendant qu'on évacue la roche broyée. Le tunnel sous la Tamise est le premier ouvrage d'art à bénéficier de cette nouvelle technique, en 1843.

Le tunnelier

Jusqu'au milieu du XIXe siècle, il faut tout creuser à la main, puis évacuer les débris sur des wagonnets. Quelle différence avec les tunneliers d'aujourd'hui ! Ces gigantesques machines grignotent la roche grâce à leur énorme couronne dentelée, puis la réduisent en bouillie avant de rejeter les débris vers l'arrière, où ils sont évacués. Ces tunneliers sont utilisés pour tous les grands travaux de percement d'un tunnel routier ou ferroviaire, ou d'une galerie souterraine de métro. L'engin est également équipé pour poser des “voussoirs”, ces pièces préfabriquées en béton armé qui consolident le tunnel au fur et à mesure. Un tunnelier peut progresser au rythme de 1 m par heure, mais doit toujours avancer en ligne droite, par segments successifs.

Les centrales nucléaires

Les centrales nucléaires constituent l'application la plus connue des propriétés de l'atome. Mais ces dernières servent également en médecine pour irradier des tumeurs ou réaliser des images internes du corps humain, dans l'industrie pour détecter d'éventuels défauts dans des pièces fragiles, dans l'agroalimentaire pour préserver certains aliments de la pourriture, ou encore en archéologie pour connaître l'âge d'objets anciens, sans parler des applications militaires…

Une réaction contrôlée

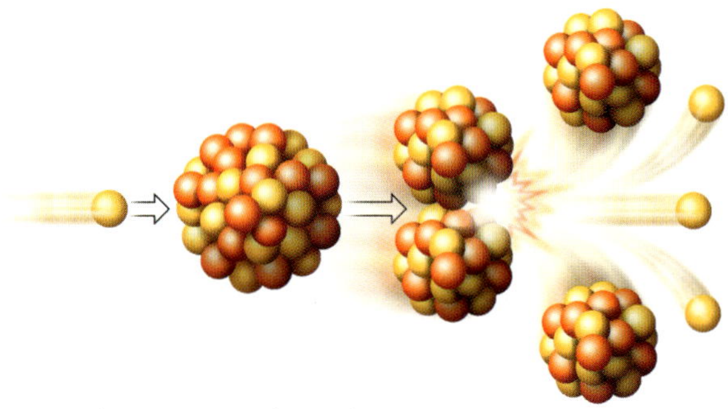

Les atomes – qui sont en quelque sorte les “briques” constituant tous les corps présents dans la nature – sont formés de particules légères (les électrons) qui tournent en plus ou moins grand nombre autour d'un noyau formé de particules plus lourdes (les neutrons et les protons). Pour obtenir de l'énergie nucléaire, il faut provoquer une réaction de fission d'un atome. On bombarde donc le noyau de cet atome avec des neutrons. Le noyau se casse en deux, libérant d'autres neutrons qui, à leur tour, bombarderont d'autres noyaux, et ainsi de suite (*voir schéma ci-contre*). Cette “réaction en chaîne”, si elle n'est pas maîtrisée, conduit à un colossal dégagement d'énergie en une fraction de seconde : c'est le principe de la bombe atomique. En contrôlant cette réaction, on peut produire un grand dégagement de chaleur. L'avantage ? Pour fournir la même quantité d'énergie que 1 500 t de pétrole, il suffit de... 1 kg d'uranium !

Les crayons sont renouvelés tous les 3 ou 4 ans.

Un réacteur dans un stade !

C'est le physicien italien Enrico Fermi qui, réfugié aux États-Unis juste avant la Seconde Guerre mondiale, a créé en 1942 la première “pile” atomique, fournissant de l'électricité à partir de l'atome. Cet ancêtre des réacteurs nucléaires, qui utilisait 40 t d'uranium, fut assemblé, faute de place, sur un court de squash, sous les gradins du stade de l'université de Chicago !

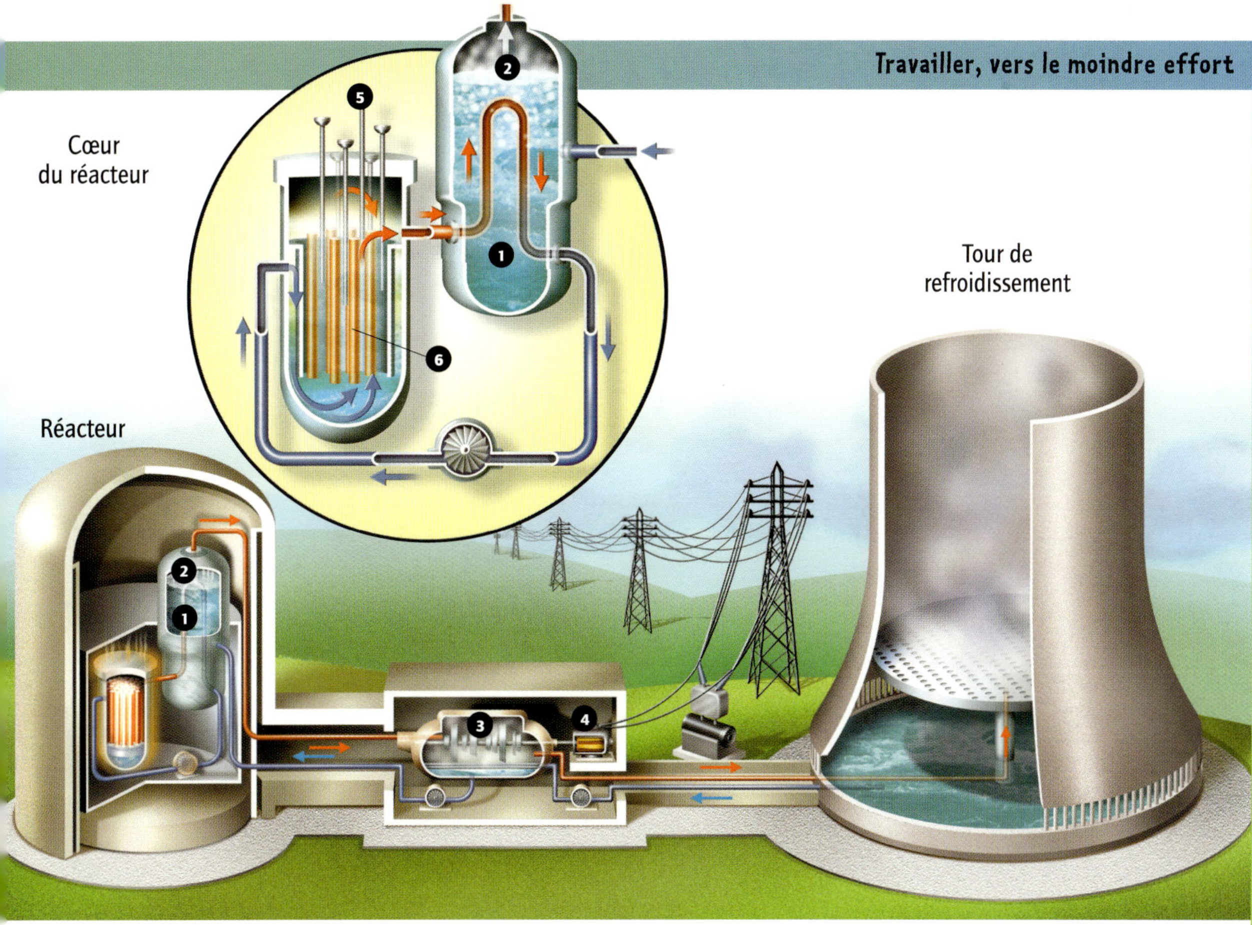

Un cœur d'uranium

La chaleur ainsi produite est utilisée pour chauffer de l'eau ① qui se transforme en vapeur ②. Celle-ci entraîne ensuite des turbines ③ reliées à des alternateurs ④ générant de l'électricité. Le "cœur" d'un réacteur nucléaire est constitué d'un assemblage de "crayons" ⑤ logés verticalement dans une cuve de 5 m de diamètre et 12 m de haut. Ces crayons, larges de 1 cm, sont formés par l'empilement de petites pastilles d'uranium dans un tube de métal résistant. On utilise de l'uranium 235 dit "enrichi" ; il est 30 fois plus énergétique que l'uranium 238 naturel. Des barres absorbantes ⑥ s'intercalent entre les crayons pour contrôler la réaction nucléaire, le réacteur étant "piloté" à partir d'une salle de contrôle informatisée.

Une énergie controversée

L'électricité produite par les centrales nucléaires est la moins chère, mais elle suscite depuis quelques années des mouvements de contestation dans la plupart des pays qui en produisent. Certes, un réacteur nucléaire ne peut pas se transformer en bombe atomique, mais il peut s'emballer et fondre, comme cela s'est passé à Tchernobyl, en Ukraine, en 1986. C'est ce risque d'accident et le problème de la gestion des déchets produits par les combustibles "usés" dans le cœur du réacteur, qui entraînent un débat sur l'utilisation de cette forme d'énergie. De nouveaux types de réacteurs nucléaires, plus sûrs et plus performants, sont toutefois proposés. Des recherches se poursuivent également sur une autre forme d'énergie nucléaire (fonctionnant avec des atomes d'hydrogène), la "fusion", plus propre et considérablement plus efficace. Mais elles n'aboutiront pas avant le milieu du siècle.

Plus loin... plus vite !

La roue est à l'origine des premiers véhicules et, au fil des siècles, elle va révolutionner les transports. Au début, elle permet surtout la réalisation de chariots à deux roues sur lesquels s'adaptent des systèmes d'attelage pour traîner les instruments agricoles (joug, timon, collier) ou pour porter de lourdes charges. Puis l'homme, qui jusque-là ne se déplaçait qu'à pied, se met à fabriquer toutes sortes de véhicules... et à construire des routes et des ponts !

La roue : il suffisait d'y penser !

La première roue est sans doute une roue de potier... Les plus anciennes, retrouvées dans des tombes royales à Ur en Mésopotamie, remontent à plus de trente siècles avant notre ère et sont de petite taille puisqu'elles mesurent seulement 50 cm de diamètre. Cette invention a permis le fantastique développement des transports terrestres, sur route, sur rails, et même à travers champs !

Les chars

Vers 1600 avant notre ère, le char apparaît en Égypte. En Europe, les tout premiers sont de simples sièges suspendus au-dessus d'une paire de roues en bois, cerclées de fer pour atténuer leur usure. Des chevaux tirent ces chars mais, pour éviter qu'ils ne s'étranglent, on invente le collier qui permet de faire porter l'effort sur leur poitrail et non sur leur cou. Les cavaliers mongols sont les premiers à utiliser ce collier pour leurs montures ; cette invention ne s'impose en Europe qu'à partir du XIIe siècle.

Le film *Ben-Hur* (1959) a popularisé l'image des chars romains, conduits par un légionnaire et tirés par plusieurs chevaux.

La roue : une révolution

Les premières roues sont d'abord des roues pleines : elles sont fabriquées à partir de planches assemblées côte à côte et découpées en cercle.
Vers 2000 av. J.-C., on ajoute des jantes métalliques.
Cinq siècles plus tard, pour alléger la roue, on creuse le bois en ne laissant que des rayons.

Les accidents sont nombreux : on compte environ 1 000 morts par an sur les routes, par renversement de diligences !

Des coches aux berlines

Le coche (du nom de la ville de Kotsi, en Hongrie, d'où il est originaire) est le premier véhicule fermé, fait d'une caisse légère en osier suspendue par des lanières de cuir au-dessus du châssis. Six à huit personnes tiennent dans cet habitacle, tiré par deux ou quatre chevaux.

Les premiers carrosses, dérivés de ces coches, apparaissent sous Henri II, entre 1500 et 1550. Il s'agit de voitures richement décorées à l'usage des princes et des rois. Les roues avant, plus petites que les roues arrière, sont orientables afin de pouvoir manœuvrer plus facilement. À partir de 1665, les carrosses deviennent plus confortables avec l'utilisation de lames métalliques flexibles comme amortisseurs. Sous Henri IV (1553-1610), on ne compte que 12 carrosses en circulation, mais il y en a 300 un demi-siècle plus tard, et 14 000 au milieu du XVIIIe siècle !

La calèche, dont la mode est lancée par la reine Anne d'Autriche (1601-1666), est un carrosse léger et découvert. Entre le lourd carrosse et le cabriolet, on trouve la berline, voiture à 4 places tirée par un seul cheval, inventée à Berlin, d'où son nom. C'est la voiture la plus répandue au XVIIIe siècle.

Le temps des diligences

Peu à peu, les carrosses se transforment en diligences. Certaines ont trois compartiments, le cocher est à l'extérieur, séparé des passagers. Avec une vitesse moyenne de 10 km/h, elles peuvent parcourir 23 lieues (une centaine de kilomètres) par jour.
Elles ne sont cependant pas un moyen de transport rapide : il faut 5 à 6 jours pour aller de Paris à Lyon, avec l'obligation de changer d'attelage tous les 25 km.
En revanche, elles se distinguent par leur ponctualité, d'où l'expression “faire diligence”. Les diligences connaissent leur heure de gloire entre 1820 et 1850.

La chaise à porteurs

Inventée en Italie au XVe siècle, ce n'est en fait qu'une grande boîte en bois, parfois ornée de vitres, que deux porteurs soulèvent par des brancards. Sous Henri IV, c'est un simple fauteuil, qui se transforme en chaise fermée en Angleterre. Elle est très à la mode sous Louis XIV (1638-1715). Le premier service de transport public, en 1617 à Paris, est un service de chaises à porteurs.

Histoire d'une "petite reine"

L'histoire commence vers 1790, quand le comte de Sivrac construit un "célérifère". C'est un simple cadre en bois monté sur deux roues auquel on donne la forme d'animaux divers ! Le conducteur, assis à califourchon sur un coussin placé sur la planche, avance en se poussant avec les pieds. Pour certains historiens, ce comte n'aurait jamais existé et le célérifère serait une imposture !

La draisienne est brevetée sous le nom de "vélocipède", mais son succès est éphémère et elle suscite plutôt les moqueries !

La draisienne

Le baron Karl Drais von Sauerbronn, lui, est bien réel ! Vers 1815, ce jeune Allemand ajoute une sorte de selle de cheval et un guidon pour diriger la roue avant, en bois. Pendant l'été 1817, assis à califourchon sur son engin et simplement en se poussant avec les pieds, il parcourt 13 km en 1 heure. Ainsi naît la draisienne, qui est présentée le 5 avril 1818 dans les jardins du Luxembourg à Paris, devant plusieurs milliers de spectateurs ébahis.

Du vélocipède à la bicyclette

Le vélocipède ne trouve les faveurs du public que le jour où l'on ajoute des pédales sur la roue avant. Le conducteur avance alors sans que ses pieds touchent terre ! Cette innovation revient à Ernest Michaux qui, en 1861, reçoit une draisienne à réparer. Se plaignant d'avoir à garder les jambes levées une fois l'engin lancé, il installe des repose-pieds sur l'axe de la roue avant et s'en sert aussi pour la faire tourner. De cette "pédale" naît la vraie bicyclette.

Aller plus vite...

On cherche à rendre cette bicyclette toujours plus rapide. Pour accroître la distance parcourue à chaque coup de pédale, il suffit d'augmenter le diamètre de la roue avant : voici le "grand bi", où la roue avant est trois fois plus grande que la roue arrière. La selle, haut perchée, rend l'engin très instable, et son usage provoque de nombreux accidents. Après 1880, les pédales ne sont plus à l'avant, mais entraînent la roue arrière au moyen d'une chaîne. Le vélo a sa forme définitive, avec deux roues

1896 : la bicyclette se voit dotée d'une **roue libre** pour éviter de pédaler en permanence.

Vers 1874 : James Starley met au point le **cadre** en métal.

1898 : freinage par rétropédalage puis, en 1902, par câbles et patins.

Vers 1920 : changement de vitesse par **dérailleur** pour adapter l'effort du cycliste au relief de la route (montée, plat, descente).

1888 : le vétérinaire écossais John Dunlop remplace les jantes entourées de caoutchouc plein pour absorber les chocs, par un tube de caoutchouc creux, gonflé d'air et protégé par une enveloppe de toile (*voir p. 63*). En 1891, le Français Édouard Michelin imagine des **pneus** démontables pour mieux les réparer après une crevaison.

Vers 1880 : l'Anglais H. J. Lawson invente la transmission à la roue arrière par une **chaîne** ou une courroie.

1885 : le **pédalier** est fixé sur le cadre. Les mouvements du cycliste sont transmis par une chaîne, passant par deux roues dentées.

de diamètre identique. Aujourd'hui, un coureur peut atteindre 55 km/h (record de Tony Rominger en 1994) grâce à des vélos ultralégers en fibre de carbone (7 kg au lieu de 70 kg).

Pour freiner avec un "grand bi", il faut serrer la roue avant entre ses pieds ou se laisser tomber !

La vogue du VTT

Le vélo est un véhicule économique. On en compte plus de 270 millions en Chine, où il s'en fabrique des millions d'exemplaires chaque année… Dans les pays occidentaux, on note une hausse de leur nombre, car c'est devenu un sport et un loisir, grâce au vélo tout-terrain (VTT). En 1973, de jeunes Américains construisent un vélo avec de petites roues, un faible développement et des pneus à crampons comme les motocross pour pouvoir dévaler les sentiers accidentés. Ces VTT font rapidement de nombreux adeptes.

Les bicyclettes motorisées

En 1869, Louis-Guillaume Perrault, fabricant de vélos, construit le premier vélocipède à vapeur : désormais plus besoin de pédaler ! Mais c'est en fait l'ingénieur Wilhelm Werner qui, en 1885, conçoit pour Gottlieb Daimler la première vraie moto dotée d'un moteur à explosion à 4 temps.

La pétrolette

La première moto commercialisée à grande échelle est la Hildebrand, créée en Allemagne en 1894. L'engin, doté d'un moteur à explosion à 2 temps, est rebaptisé "pétrolette". Ce terme (aujourd'hui dans le dictionnaire) est resté dans le langage courant pour désigner une moto toute simple. Vitesse : 40 km/h environ.

La moto

Ce sont les frères Werner, des Russes naturalisés Français, qui, en 1897, donnent à leur cycle à moteur (un modèle de faible puissance placé sur la roue avant) le nom de "motocyclette". Quelques années plus tard, ils installent le moteur sous le cadre, position qui deviendra définitive pour la plupart des motos. Vitesse : 30 à 35 km/h.
Plus prestigieuse est la moto conçue au début du XXe siècle par deux Américains, William Harley et Arthur Davidson. Elle est dotée d'un moteur à 2 cylindres positionnés en V (*voir pp. 42-43*) qui produit un son devenu mythique. La Première Guerre mondiale assure son développement grâce aux commandes de l'armée. En 1920, avec près de 30 000 machines sorties des usines, Harley-Davidson devient le premier constructeur de motos au monde.

Le side-car

Cette "voiture latérale" a été imaginée à l'origine pour être attachée à un vélo. On en trouve la première description dans la revue *Le Cycle* en 1894. Mais le side-car relié à une moto ne devient réalité que vers 1910. Peu après apparaît le montage articulé, qui permet à la moto de se coucher dans les virages sans soulever le side-car.

Records

La barre des 200 km/h à moto a été franchie dès 1928 par un motocycliste anglais. Le record actuel est de 265 km/h. On notera que le précédent record a été obtenu en 1985 par l'humoriste Coluche (252 km/h) qui s'est tué justement à moto, l'année suivante.

Le scooter

Au lendemain de la Seconde Guerre mondiale, l'Italien Enrico Piaggio, (un ancien de l'industrie aéronautique), demande à un ingénieur de construire un véhicule simple, solide et économique, pouvant transporter deux personnes et être conduit aussi bien par un homme que par une femme. Cette "Vespa" (guêpe, en italien) connaît à partir de 1946 un succès foudroyant. Son nom est resté associé à celui du scooter.

Scooter ou "autofauteuil" ?

Le premier scooter n'est pas italien ! Un engin de ce type, fabriqué à Blois et baptisé du nom curieux d'"autofauteuil", circule en effet en France entre 1902 et 1914. Il a déjà deux petites roues, un tablier de protection et un cadre ouvert pour que le conducteur pose ses pieds devant lui.

Le Vélosolex

Les ingénieurs français Maurice Goudard et Marcel Mennesson créent, au début du XXe siècle, une fabrique de radiateurs puis de carburateurs. Mais leur fortune viendra presque quatre décennies plus tard de l'invention du "vélomoteur" (1942), bien vite connu sous le nom de Vélosolex. Le principe est de fournir au cycliste un moteur d'appoint pour l'aider dans les montées, ou lorsqu'il est fatigué. Ce petit moteur est placé au-dessus de la roue avant qu'il entraîne par contact avec un galet tournant.

La Mobylette

Commercialisée après la Seconde Guerre mondiale, elle dérive directement du Solex, la différence étant que le moteur (un peu plus puissant) fonctionne en permanence, et actionne cette fois la roue arrière, par l'intermédiaire d'une chaîne.

La motoneige, ou Ski-Doo

En 1935, à la suite de la mort d'un de ses fils qui ne peut être conduit suffisamment vite à l'hôpital, un mécanicien québécois, Joseph-Armand Bombardier, imagine un engin associant skis et chenillettes pouvant circuler sur la neige et la glace, situation courante au Canada. Carrossé comme une petite voiture, ce véhicule peut transporter plusieurs personnes. Plus tard, son fils Joseph invente une version plus légère, le Ski-Doo, qui se développe aussitôt dans tous les pays du Grand Nord. Cette moto utilitaire est aussi devenue un véhicule de loisirs.

La saga de l'automobile

Le premier véhicule à circuler sur une route est une machine à vapeur ! Mais la trop faible adhérence des roues au sol et les cahots qui disloquent le châssis découragent l'Anglais Trevithick qui décide d'utiliser des rails…
Autre surprise : alors que les voitures ont aujourd'hui un moteur à explosion, celui-ci ne s'impose pas au début et est détrôné par le moteur électrique !

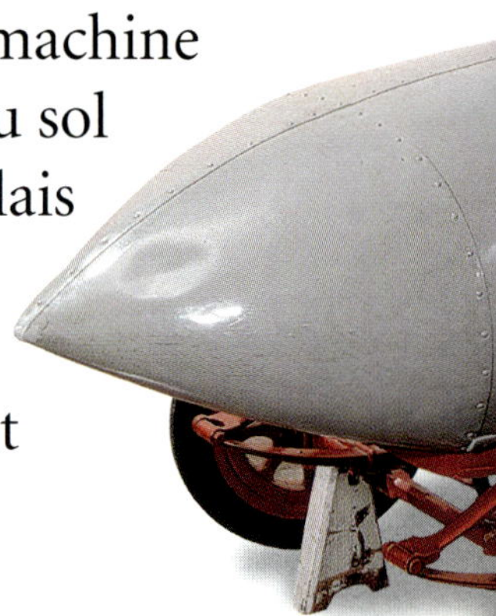

Le fardier ou "voiture à feu" : simple châssis de poutres de bois, portant à l'avant l'énorme réservoir d'eau d'une machine à vapeur.

Une voiture sans cheval...

La toute première "automobile" est le fardier construit par l'ingénieur militaire français Joseph Cugnot. Elle roule dans Paris en 1769, avec quatre passagers à son bord, à 4 km/h, soit moins vite qu'une personne à pied ! Peu importe, car ce fardier, destiné au transport de lourdes pièces d'artillerie, restera dans un hangar… Un artisan américain réalise en 1780 un engin du même type, mais il ne peut convaincre quiconque de l'utiliser. En le faisant circuler dans les rues de Philadelphie, il déclenche même des manifestations d'hostilité !

À toute vapeur !

Amédée Bollée, fondeur de cloches au Mans, perfectionne ce fardier et réalise la première véritable voiture à vapeur en 1873. Comme elle est facile à conduire, il la surnomme *L'Obéissante*. À son bord, il fait le trajet Le Mans-Paris avec des pointes à 20 km/h ! Mais, avec ses 5 t, cette voiture est un véritable poids lourd. Une version allégée naît donc 5 ans plus tard. Des mécaniciens français comme Albert de Dion, Georges Bouton, Léon Serpollet, Louis Renault ou Armand Peugeot construisent peu après des véhicules au moteur plus léger… mais la vapeur n'est pas adaptée à l'automobile !

Entre 1908 et 1927, près d'un million de modèles de Ford-T sortent d'usine chaque année.

À bord de sa voiture électrique surnommée *La Jamais Contente* (un nom qui lui aurait été inspiré par sa femme !), le Belge Camille Jenatzy atteint 105 km/h en 1899.

À pétrole ou électrique

C'est l'invention du moteur à 4 temps, tirant son énergie de l'essence de pétrole, qui assure le succès de l'automobile. Cette voiture est présentée à l'Exposition universelle de Paris en 1889 par les Allemands Gottlieb Daimler et Wilhelm Maybach. De leur atelier sort la Mercedes, premier engin "moderne" avec un moteur à 4 cylindres, un châssis métallique, un radiateur et une boîte de vitesses commandée par levier. En 1891, les Français René Panhard et Émile Levassor démarrent la fabrication en série d'automobiles. Mais la concurrence américaine pointe son nez : à Detroit, Henry Ford construit pièce par pièce une automobile pendant ses loisirs. Dès 1908, il lance la production de voitures en série grâce au travail à la chaîne (*voir pp. 44-45*).

Voitures de légende

En 1922, les frères Michelin imaginent la voiture idéale : elle doit pouvoir transporter quatre personnes et 50 kg de pommes de terre, rouler à 60 km/h pour une consommation de 3 litres aux 100 km, et avoir un faible coût d'entretien. La guerre interrompt leurs travaux mais en 1948, au Salon de l'auto, plus d'un million de visiteurs admirent leur étrange véhicule dont les journalistes se moquent : la 2 CV ① ! À grand renfort de publicité, elle devient à partir de 1950 la voiture des citadins et des ruraux, des jeunes et des vieux... Au total, plus de 5,5 millions de 2 CV sont fabriquées jusqu'à l'arrêt des usines en 1990. La "coccinelle" de chez Volkswagen ② (ou "voiture du peuple" en allemand) n'est pas moins célèbre. Elle a été commandée par Adolf Hitler juste avant la guerre pour doter son peuple d'une voiture robuste et économique. Près de 22 millions d'exemplaires sont produits jusqu'en 2003 : un record mondial !

1

2

La voiture électrique est née en 1881, juste avant celle à essence ! Le premier engin à dépasser les 100 km/h est d'ailleurs électrique. C'est le poids excessif des accumulateurs qui va empêcher son essor. Aujourd'hui, la voiture électrique revient à la mode, mais la taille des batteries et leur autonomie encore insuffisante (100 à 150 km) limitent son utilisation.

75 PV !

Lors du trajet Le Mans-Paris avec *L'Obéissante*, Amédée Bollée récolte 75 contraventions ! Non pour excès de vitesse (12 km/h de moyenne), mais parce que son "autorisation de circuler" n'est pas reconnue. À chaque nouveau département, on l'arrête pour vérifier qu'il ne détériore pas la chaussée. Il ne paiera pourtant pas les amendes car il a comme passager... un préfet de police !

Les courses automobiles

En 1887 est organisée la première compétition de véhicules motorisés, sur un circuit de 31 km autour de Paris. Le gagnant a roulé à la vitesse moyenne de 59 km/h. Une course plus ambitieuse, Paris-Bordeaux et retour, se tient en 1895 à 24 km/h de moyenne. À l'origine, ces courses sont disputées par des hommes riches et non par des sportifs. Les premiers "Grands Prix" sont lancés en 1900. Les différentes écuries sont représentées par pays, et non par constructeur comme aujourd'hui.

Dès 1885, Edward Claghorn prend un brevet aux États-Unis pour une ceinture destinée à maintenir en place les passagers des diligences. La **ceinture de sécurité** d'aujourd'hui, à trois points de fixation, est inventée en 1959 par un ingénieur de la firme Volvo, frappé par la mort de l'acteur américain James Dean au volant d'un bolide.

Le coussin protecteur (gonflé par une cartouche de gaz déclenchée par un capteur de choc) date de 1981. Son installation se généralise à partir de 1995. Au modèle d'**airbag** frontal d'origine succèdent de multiples versions. Les prochains modèles pourront se déployer en fonction de la morphologie du passager !

1897-1898, France. Mademoiselle Davy de Cussé fixe son miroir à l'avant de sa voiture "pour voir ce qui se passe derrière". Un journal assure qu'il s'agit d'un instrument "baroque et sans suite" ! Ainsi naît le **rétroviseur**.

La voiture "intelligente"

Aujourd'hui, une automobile contient plus d'informatique que les premiers vaisseaux qui sont allés dans l'espace ! Un modèle haut de gamme possède déjà plus de 60 microprocesseurs, des "puces" qui gèrent l'allumage des phares, la climatisation, ou encore détectent les pneus sous-gonflés.

1854, Nouvelle-Écosse, Samuel McKeen fixe sur le côté d'une voiture un dispositif relié aux roues pour enregistrer le nombre de tours et donc la distance parcourue : c'est le **compteur kilométrique**.

Le **GPS** est un système de repérage par satellites couplé à une cartographie stockée sur CD-Rom.

L'**essuie-glace** est américain et date de 1916.

Le **Klaxon** est inventé aux États-Unis par M. R. Hutchison en 1908. Dès le dépôt de brevet, des Klaxon sont installés sur des voitures et même sur des vélos, avec une alimentation par pile de 6 volts.

Démarrer les premières voitures demande de la force, car il faut amorcer l'étincelle de l'allumage en faisant tourner le moteur avec une manivelle. Le **démarreur électrique**, qui apparaît vers 1914, provoque cette étincelle grâce à l'électricité fournie par une batterie.

Les constructeurs travaillent maintenant à des voitures au comportement "intelligent", pouvant identifier à distance le conducteur (pour lui ouvrir les portes ou régler les sièges), obéir à sa voix et même analyser son style de conduite pour en corriger les défauts ! Demain, la voiture freinera dès qu'une caméra détectera un obstacle ou qu'elle se rapprochera trop du véhicule précédent, elle adaptera sa vitesse à la fluidité du trafic... Grâce au GPS, le système de navigation par satellites, elle calculera le meilleur trajet et, en cas d'accident, appellera elle-même les secours ! Cette voiture mêlera les technologies regroupées sous le terme d'"électronique embarquée". Bien que fascinants, ces systèmes ne remplaceront jamais complètement le conducteur qui reste seul responsable de sa conduite.

À la pharmacie !

Les pompes à essence sont apparues bien après les premières automobiles, et pendant de nombreuses années ce sont les pharmaciens qui vendaient, en bouteilles, le précieux carburant !

Des voies pavées aux autoroutes

Les premières voies de communication sont de simples chemins, péniblement percés à travers les forêts. Partout à la surface de la Terre, hommes et animaux empruntent des tracés favorisés par le relief, la végétation ou les points d'eau. Au fil des siècles, ces pistes deviennent des routes empierrées, puis des chaussées goudronnées.

On doit le mot route aux Romains : la construction d'une voie suppose d'éliminer des obstacles, d'où le nom de *via rupta* ("rupture"), puis *rupta* devenu route en français.

Les pistes de l'Antiquité

Dès l'âge de bronze, certaines pistes de caravaniers sont consolidées par des couches de branchages. En 1900 av. J.-C., trois routes partent de Babylone dont une qui s'étend sur près de 2 000 km ! À la même époque, en Égypte, le pharaon Khéops fait construire une route pour transporter les pierres vers le site de la Grande Pyramide qui, selon l'historien Hérodote, occupe 100 000 hommes pendant 10 ans ! En Asie également, les prestigieuses routes de la soie et des épices relient la Chine à l'Europe occidentale sur quelque 7 000 km. Les marchands européens emprunteront ce réseau à partir du XIIe siècle.

Tous les chemins mènent à Rome !

Vers 500 av. J.-C., dans l'île de Crète, on construit des routes "en dur" sous forme de voies pavées ①. À Rome, le réseau primitif entre la cité et les villes voisines s'agrandit avec le développement du commerce. Sa construction, par des esclaves et des légionnaires, se poursuit par nécessité stratégique, pour relier Rome à ses colonies militaires. À la fin du IIe siècle, le réseau routier romain ne compte pas moins de 372 grandes voies totalisant plus

La via Appia, première voie pavée, relie Rome à Capoue depuis plus de 3 000 ans !

Une invention ancienne

Le péage routier est plus ancien qu'on ne le croit, puisque les Romains avaient installé de nombreux points – notamment sur les ponts – où l'on s'acquittait d'un droit de passage. Même les autorités étaient tenues de le régler. Ce péage avait déjà pour justification la construction et l'entretien des routes !

de 150000 km ! Au Moyen Âge, ces voies ont disparu sous la végétation ! Louis XI (1423-1483) décide de les rouvrir et, dans les villes, le pavage remplace les dalles des anciennes voies. Sous Louis XIII (1601-1643), le réseau routier est profondément transformé et on borde les routes par des arbres.

La naissance du macadam

En 1775, l'ingénieur français Trésaguet tente d'obtenir des routes capables de supporter un trafic rapide.

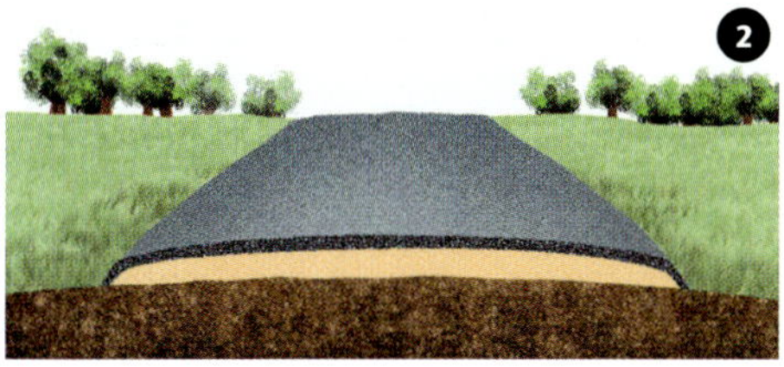

Vingt ans plus tard, l'Écossais John MacAdam améliore le procédé d'empierrement des voies, en cherchant à empêcher l'eau de saper la chaussée ②. Pour cela, il la surélève et la draine. Sur un sol nivelé, il pose des couches de cailloux concassés au marteau et triés à la main, chacun ne devant pas peser plus de 170 g ! Le tout est lié avec du sable et de l'eau, et le passage des véhicules assure un compactage naturel. La chaussée goudronnée date de 1902 : un médecin de Monaco aurait constaté par hasard que du goudron recouvert de gravier durcit et forme une couche solide et lisse !

Les autoroutes européennes représentent 53000 km et, dans le monde, 190 000 km (dont 90 000 aux États-Unis), la moitié de la distance de la Terre à la Lune !

Les autoroutes

Pour rendre la route plus sûre, les Allemands construisent en 1909 une route de 10 km à deux voies séparées par un terre-plein central, sans carrefour ni intersection, et avec des virages à grand rayon de courbure. À partir de 1936, leur réseau d'"autoroutes" s'étoffe rapidement. Les Américains reprennent cette idée et construisent, en 1914 sur l'île de Long Island, deux chaussées de 65 km. L'Italie adopte la formule en 1924, avec une "autostrade" de 85 km entre Milan et Varèse. La France est à la traîne : en 1970, on ne compte que 1 400 km d'autoroutes, contre 10 000 km en 2000. Aujourd'hui, les chaussées son constituées de 4 couches superposées ③ (celle de surface étant à base de bitume).

Le pneu a tout changé

Pour rendre plus confortable le tricycle de son fils, un vétérinaire écossais installé en Irlande, John Dunlop, place sur la roue avant de celui-ci un tube de caoutchouc gonflé avec la pompe d'un ballon de football. Le premier pneu est né, qui absorbe les aspérités de la route et offre une plus grande souplesse. Quarante ans plus tôt, William Thomson a pourtant déposé un brevet pour l'invention d'un "tube en caoutchouc creux gonflé d'air". Il s'ensuit une série de procès, remportés finalement par Dunlop (*voir p. 55*).

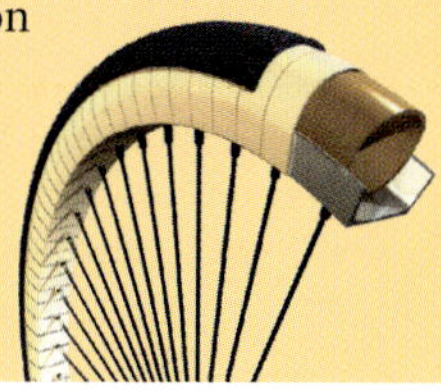

Pour mieux rouler

Un décret de 1899 limite déjà la vitesse à 30 km/h en rase campagne et à 20 km/h en agglomération ! Mais personne ne respecte cette limite… Il faut dire qu'à l'époque n'existent ni radars de contrôle, ni compteur permettant au conducteur de connaître sa vitesse…

Les 35 articles de ce décret français de 1899 sont complétés 2 ans plus tard, lorsqu'on prend conscience de la nécessité d'imposer certaines règles de conduite relatives à la sécurité. Une commission du ministère des Travaux publics est chargée d'établir ce règlement de la circulation sur route. Le terme de "Code de la route" n'entre en vigueur que près de 20 ans plus tard. Compte tenu de l'augmentation de la circulation, toute une série de mesures est mise en place pour renforcer la sécurité de tous.

L'immatriculation
Une ordonnance de la préfecture de Paris, en 1893, stipule que "tout véhicule à moteur doit apposer une plaque métallique sur laquelle sont inscrits le nom et l'adresse du propriétaire ainsi qu'un numéro d'autorisation". Le terme "plaque minéralogique" vient du fait qu'à l'origine c'est l'administration des Mines (en France) qui enregistre ces immatriculations.

Le permis de conduire
En France, dès les débuts de l'automobile, les conducteurs doivent demander à la préfecture une autorisation de se déplacer. Il existe aujourd'hui plusieurs sortes de permis, selon le véhicule choisi. Pour une voiture, on peut l'obtenir à partir de 18 ans dans la plupart des pays (16 ans dans certains États américains), mais ce permis peut être retiré en cas de fautes graves ou de fautes répétées. En France est instauré un permis à points en 1992 : chaque faute entraîne la suppression d'un ou de plusieurs points. Ce système est aujourd'hui en usage dans plusieurs pays européens.

Les panneaux de signalisation
La signalisation routière a d'abord été créée pour les cyclistes ! Le tout premier panneau est posé en 1894 près de Cannes. Huit ans plus tard, les automobilistes ont à leur tour des panneaux, mais ceux-ci signalent seulement les obstacles (cassis, passage à niveau) et les bifurcations ou croisements de routes. Le premier congrès de la route, en 1908, évoque la possibilité d'instaurer une signalisation routière plus étendue, et c'est une circulaire ministérielle de 1913 qui rend obligatoire, en France, le numérotage des bornes sur les routes nationales, étendu peu après aux départementales.

Fou du volant !

En juillet 1888, Léon Serpollet, un des pionniers de l'automobile, reçoit l'autorisation du service des Mines de conduire un tricycle à vapeur de son invention dans les rues de Paris. Mais on lui retire quelques jours plus tard, pour excès de vitesse : il a roulé à 35 km/h dans les rues ! Il doit attendre 3 ans avant d'obtenir une nouvelle autorisation de circuler dans la capitale.

Le feu rouge

Inspirée par le système maritime, la signalisation routière par sémaphores à feux tricolores débute en 1838 dans la campagne anglaise, pour les bicyclettes. Trente ans plus tard, à Londres, est installée une sorte de réverbère au gaz, rouge d'un côté, vert de l'autre, monté sur un pied métallique de 7 m de haut qu'un agent tourne à la main ! En janvier 1869, l'un d'eux est grièvement blessé par l'explosion d'un de ces feux. Ils disparaissent jusqu'à l'arrivée des premiers feux électriques, en 1914, dans la ville américaine de Cleveland. À Paris, le premier feu rouge commandé manuellement est installé en 1923. Le passage au feu orange (alors jaune) est indiqué par un signal sonore qui excède les riverains : on le remplace par un simple gong, lui-même supprimé car le bruit de la circulation est déjà tel qu'on ne l'entend plus !

La droite pour les vaincus !

Au début, tous les véhicules circulent à gauche, selon une habitude qui remonte à l'époque romaine. Car, lorsqu'on est à cheval, on tire l'épée (par la suite le pistolet) de la main droite et, en circulant à gauche, on peut mieux affronter un cavalier venant en face. C'est Napoléon qui, pour surprendre ses ennemis, inverse le sens des attaques. Puis, ayant conquis presque toute l'Europe, il impose la conduite à droite aux pays vaincus. La Grande-Bretagne, victorieuse, conserve la conduite à gauche.

Pfiiit ! Pfiiit !

En janvier 1923, un décret ministériel demande aux préfets de donner aux gendarmes le moyen de prévenir, pour l'arrêter, un automobiliste en faute : « Chaque militaire devra être muni d'un sifflet afin qu'à l'avenir tous les agents qualifiés imposent l'arrêt aux automobilistes en faute, par l'émission d'un coup de sifflet suffisamment aigu et prolongé pour qu'il puisse être distinctement perçu par les contrevenants. »

Les industriels se désintéressent des locomotives à vapeur créées par Trevithick : ils les considèrent comme une simple distraction !

De la mine au TGV

Le wagon de chemin de fer est né dans les mines pour charrier le charbon. À l'origine, les wagonnets sont tirés par des chevaux et roulent sur des rails en bois. Puis la locomotive à vapeur remplace la traction animale, et les wagons sont transformés pour transporter des voyageurs. Le chemin de fer est né !

Des débuts prometteurs

En 1801, le mécanicien anglais Richard Trevithick étudie les plans de la voiture à vapeur d'Evans et construit une sorte de charrette à vapeur. Mais devant la difficulté de la faire circuler sur un sol inégal, il décide d'utiliser les rails employés dans les mines. Trois ans plus tard, il transforme son modèle en "locomotive" et l'essaie au pays de Galles, en tirant 5 wagons chargés de minerai de fer et de 70 hommes. En 1808, Trevithick expose à Londres une nouvelle machine baptisée avec humour *Catch me who can* ("m'attrape qui peut") : elle roule sur une voie circulaire entourée d'une palissade en tirant un wagon dans lequel montent plusieurs personnes.

À cause de l'arrière-train des chevaux...

Les Anglais, pères du chemin de fer, ont déterminé bon nombre de règles internationales, comme la circulation des trains à gauche (sauf au Luxembourg et en Allemagne) ou l'écartement des rails. Celui-ci est de 144 cm, une valeur qui correspond à la largeur des croupes de deux chevaux attelés côte à côte ! Car les chariots utilisés dans les mines anglaises dérivent de ceux du Moyen Âge et, pour ne pas remplacer les pavages de circulation, on a gardé cet écartement, devenu universel en 1892 (sauf en Espagne, en Irlande et en Russie).

En grande pompe !

Un nommé George Stephenson, fils de mineur et mineur lui-même, reprend l'idée de Trevithick. Il ne sait ni lire ni écrire, mais c'est un mécanicien hors pair. Chargé de bâtir une voie ferrée pour transporter du charbon, Stephenson obtient aussi des fonds pour créer une locomotive. Avec son fils Robert, âgé de 18 ans, il construit la *Locomotion*. Sa présentation en septembre 1825 est un événement et les curieux se bousculent pour s'entasser dans les 20 wagons.

Lors du concours de 1829, la *Rocket* des Stephenson pousse une pointe à 46 km/h !

Locomotive
Diesel, 1953.

Un cavalier portant un drapeau galope devant, puis s'écarte… et l'on voit, pour la première fois, une machine se déplacer plus vite qu'un homme à cheval ! À son arrivée, la *Locomotion* est saluée par une salve de 21 coups de canon, devant 40 000 personnes !

Un développement rapide

Les Stephenson perfectionnent leur locomotive pour la rendre plus puissante. En 1829, un concours est organisé pour récompenser l'inventeur de la locomotive la plus rapide. Quatre machines sont en compétition : c'est la *Rocket* des Stephenson qui triomphe. De nombreux inventeurs améliorent la chaudière des locomotives à vapeur ①, qui finissent par dépasser les 100 km/h, avant que les locomotives Diesel ② et électriques ③ ne les remplacent complètement. La première locomotive électrique roule en Angleterre en 1842. Après 1930, le moteur conçu à la fin du XIXe siècle par Rudolf Diesel (*voir p. 30*), utilisant du fioul, permet de construire des machines moins lourdes et plus autonomes.

1

2
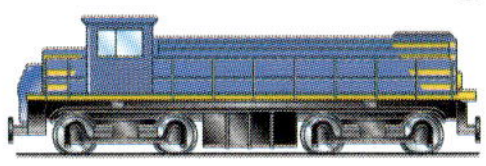

3
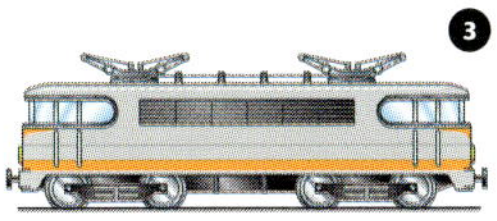

Du bois à l'acier

À l'origine, au XVIIe siècle, les rails ne sont qu'une suite de planches en bois posées au sol dans les mines anglaises. Ils sont donc utilisés bien avant l'invention du train ! Les wagons sont alors poussés ou tirés par la force d'un homme ou d'un cheval. Leurs roues possèdent déjà une excroissance latérale de guidage. Avec la locomotive à vapeur, il faut des voies plus robustes qui ne s'usent pas trop sous le passage des trains : le rail en bois est alors recouvert de plaques de fonte clouées, avant d'être lui-même en fonte, puis en fer forgé et finalement en acier à partir de 1857. Sur ces voies, un cheval tire une charge quatre fois plus lourde que sur les voies en bois et dix fois plus que sur route.

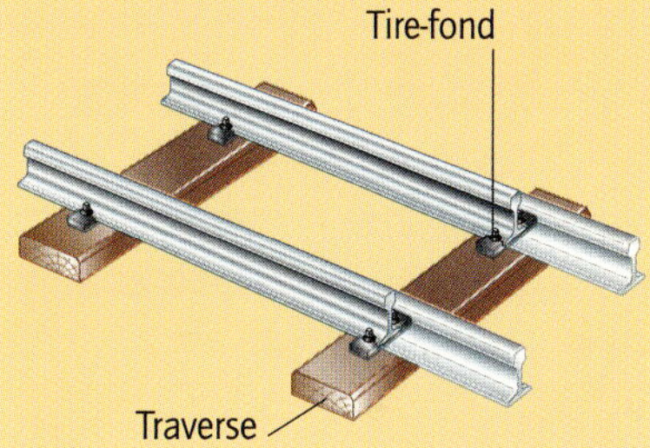

Locomotive
électrique, 1958.

Une chance pour les uns…

Un an après la victoire de la *Rocket*, en 1830, est inaugurée la première ligne régulière entre Liverpool et Manchester, où les wagons (en réalité, des caisses de diligence posées sur un châssis) sont tirés par une locomotive à vapeur. Le succès est tel que, 20 ans plus tard, l'Angleterre compte déjà 10 000 km de voies ferrées. La première ligne française de transport de voyageurs est créée entre Roanne et Lyon. Rapidement, le chemin de fer se développe dans tous les pays d'Europe. Aux États-Unis, la première ligne relie Baltimore à Boston en 1828. La liaison transcontinentale entre l'Atlantique et le Pacifique est achevée en 1869 : on ne met plus qu'une petite semaine pour traverser le continent nord-américain, alors qu'il faut près de 6 mois en chariot et dans des conditions bien plus aventureuses !

La ligne de 50 km entre Liverpool et Manchester offre, pour la première fois, des horaires fixes aux voyageurs.

… un malheur pour les autres !

Au début, le chemin de fer ne fait pas que des adeptes. Nombreux sont les opposants à cette "invention du diable", et des rumeurs courent sur ses dangers. Même le grand savant français Arago prétend que les passagers étoufferont dans les tunnels ! Il est vrai que les locomotives à vapeur, énormes, bruyantes et fumantes, avec leurs conducteurs au visage noirci par la suie, ont quelque chose d'effrayant. Les propriétaires de diligences ou de péniches et les aubergistes se liguent aussi contre la concurrence du rail. En 1852, le tsar de Russie se rend pour la première fois de Saint-Pétersbourg à Moscou par le train, mais le patriarche de l'Église orthodoxe refuse de bénir la voie !

Plus de sécurité

Même si des accidents surviennent parfois, le train est le moyen de transport le plus sûr. De nombreux éléments ont amélioré la sécurité, comme la sonnerie de passage à niveau, l'aiguillage, le "crocodile" (dispositif placé entre les rails pour actionner des signaux par contact, au passage de la locomotive) et, surtout, le frein à air comprimé de George Westinghouse installé sur les trains de voyageurs à partir de 1872.

La ligne américaine transcontinentale est un événement si important que les rails à la jonction des deux lignes doivent être raccordés avec des rivets d'or ! Finalement, le maire de la petite ville d'Ogden (Utah), située à cet endroit historique, préfère les garder en lieu sûr !

Les transports en commun

Sous Louis XIII, le sieur Sauvage crée une entreprise de location de “voitures de place”, dont le départ se situe devant un hôtel de la rue Saint-Martin, à Paris, orné d’un saint Fiacre. C’est pourquoi on prend très vite l’habitude d’appeler ces voitures des “fiacres”.

Omnibus à cheval à Yokohama (Japon), vers 1905.

Roulez carrosses !

C’est un mathématicien, le Français Blaise Pascal, qui imagine en 1661 un système de transports en commun : une flotte de carrosses circulant sur des trajets déterminés et à intervalles réguliers. Le jeune roi Louis XIV, séduit par l’idée, autorise alors l’exploitation de cinq lignes entre Paris et les faubourgs. Mais les rues sont mal adaptées à cette régularité et, faute de clients, le prix augmente, ce qui réduit encore le nombre d’usagers... Vers 1800, un colonel de l’armée de Napoléon crée un service de diligences pour conduire ses clients du centre de Nantes aux bains chauds qu’il possède hors de la ville.
Le terminus se situe devant la boutique d’un chapelier nommé Omnes, d’où le nom d’“omnibus” donné à ce mode de transport. Le succès est tel qu’il ouvre des lignes pour desservir d’autres quartiers de la ville. Le système est copié à Paris avec dix lignes et une centaine de voitures omnibus. Mais, en 1855, un décret impose la fusion des compagnies en une seule pour assurer le transport public.

L’essor du tramway

Le premier “tramway” urbain est mis en service aux États-Unis en 1832. Il est alors tiré par des chevaux, et il roule sur des rails qui dépassent de la voie, ce qui présente un danger. Le Français Émile Loubat a l’idée d’encastrer les rails dans la chaussée. Il se voit alors confier la construction de la ligne qui dessert la Sixième avenue à New York. En 1854, il réalise une ligne à Paris, mais les motrices à vapeur, trop polluantes, sont bientôt interdites. L’exposition sur l’électricité de 1881 à Paris permet à l’Allemand Werner von Siemens de présenter le premier tramway électrique. Ce type de transport, après avoir été utilisé pendant un demi-siècle, a disparu du paysage urbain mais retrouve aujourd’hui sa place dans de nombreuses villes, car il est non polluant.

Tramway sur Broadway à New York (États-Unis), vers 1900.

Les records

Aujourd'hui, les voyageurs ont pris goût au train et veulent parvenir toujours plus rapidement à destination. C'est en France que sont battus presque tous les records de vitesse sur rail : 331 km/h en 1955 avec une locomotive électrique, contre 232 km/h avec une diesel, et 202 km/h avec une locomotive à vapeur. Mais ce sont des records sans voyageurs. Le train japonais *Shinkansen*, mis en service en 1964, est le premier train commercial à grande vitesse (210 km/h), surpassé à partir de 1981 par le TGV français qui file à 350 km/h.

En recul

Un demi-siècle après l'ouverture de la première ligne commerciale, le réseau ferroviaire totalisait 363 000 km de voies dans le monde, dont 172 000 km en Europe. En 1950, toutes les lignes ferroviaires mondiales mises bout à bout atteignaient 1,3 million de km. Ce chiffre se réduit régulièrement (moins 250 km par an en France, un peu plus en Allemagne...), car certaines lignes ferment du fait de la concurrence de la route. En Grande-Bretagne, patrie du train, 53 % des voies construites depuis l'origine sont aujourd'hui fermées ! En France et en Allemagne, c'est 45 %.

Le Transsibérien : cette voie ferrée mythique, la plus longue du monde (9 297 km entre Moscou et Vladivostok) est construite en 30 ans à partir de 1891, à travers l'immense Sibérie.

Le *Shinkansen* japonais est le plus rapide... jusqu'à l'arrivée du TGV français qui détient le record absolu de vitesse. Sur une portion de voie près de Tours, le TGV a dépassé 515 km/h en mai 1990.

Confortable comme un Pullman

Grâce à l'idée de George Pullman, les premiers wagons-restaurants apparaissent aux États-Unis en 1863 sur la ligne Philadelphie-Baltimore, suivis du service des wagons-lits 2 ans plus tard.

Le métropolitain

L'inventeur du métropolitain est Jean-Baptiste Berlier. Cet ingénieur comprend qu'un tramway souterrain à Paris laisserait les rues libres, mais son projet n'est pas retenu par la ville. C'est Londres qui se dote du tout premier réseau de métro, dont la construction commence en 1863. D'autres grandes villes copient aussitôt l'idée : New York en 1885, puis Chicago et, en Europe, Budapest en 1896. Paris souhaite offrir ce nouveau mode de transport aux visiteurs venus pour l'Exposition universelle de 1900.

Le chantier du métro parisien mobilise 4 000 ouvriers : il faut faire vite pour être prêt à temps pour l'Exposition universelle !

Le chantier, sous la direction de Fulgence Bienvenüe, ingénieur en chef de la ville de Paris, débute en 1898. Le tunnel de la première ligne (Porte Maillot-Porte de Vincennes) progresse de 4 m par jour, mais le rendez-vous est manqué : le métro ouvre avec 4 mois de retard.

Les métros du ciel

Un dessin chinois, vers l'an 400, montre un homme dans une sorte de harnais glissant sous une corde : c'est peut-être l'ancêtre du téléphérique. Mais les cordes en fibres végétales d'abord utilisées s'usent vite, et elles ne permettent pas de grandes longueurs. En 1836, le Suédois Albert de Klansthal réalise les premiers câbles métalliques torsadés. Dans un premier temps, les téléphériques servent au transport des minerais, comme le modèle à deux câbles installé en 1866 dans une mine du Colorado. À la fin du XIXe siècle, on en compte des centaines en Europe. C'est seulement en 1908 qu'apparaît en Suisse un téléphérique adapté au transport de voyageurs, avec deux cabines qui font la navette.

Oh ! hisse...

Les premiers funiculaires – des chemins de fer à traction par câbles, aménagés sur de fortes pentes – sont construits en Grande-Bretagne en 1842. Le système se développe ensuite dans le monde entier, jusque sur le volcan Vésuve (de 1879 à 1906) où la pente est extrêmement raide.

Les ouvrages d'art

La géographie ne facilite pas toujours le tracé des routes et des voies ferrées. Il y a des fleuves ou des vallées à franchir, des montagnes à traverser, des îles à relier au continent. Le tout premier pont est sans doute un simple tronc d'arbre placé en travers d'un ruisseau et, dès l'Antiquité, les hommes apprennent à construire des ponts, des viaducs et des tunnels.

Les ponts de pierre
Le plus ancien ouvrage remarquable est construit à Babylone pour franchir l'Euphrate quelques milliers d'années avant notre ère : il est constitué de briques reposant sur des piliers. Ce sont surtout les Romains de l'Antiquité qui bâtissent des ponts de pierre en arc, encore debout pour la plupart.

Les ponts métalliques
Le développement du chemin de fer entraîne la construction de ponts métalliques, car il faut pouvoir franchir des vallées de plus en plus larges. En France, on en construit un en 1755 sur le Rhône, à Lyon. Mais, en raison de son prix, il est finalement terminé en bois ! Peu après, les Anglais en bâtissent un en fonte sur l'estuaire de la Severn, avec une arche de 30 m de portée. Ici, le viaduc de Garabit, un pont impressionnant édifié en 1884 par Gustave Eiffel : 564 m de long à 120 m au-dessus de la vallée de la Truyère (Cantal).

Les ponts suspendus
Les plus anciens ont été construits en Chine au VIe siècle : il s'agit de passerelles de lianes et de bambous, comme le célèbre pont de la rivière Kwaï. Le premier pont suspendu métallique (où la traction s'effectue aux deux extrémités) enjambe depuis 1809 une rivière du Massachusetts. Parmi les plus illustres, il y a celui de Brooklyn à New York (1883, 487 m de long) et le Golden Gate ci-contre (1937, 1 280 m de travée centrale) qui surplombe la baie de San Francisco à 70 m de haut. Quant au plus grand pont de cette catégorie, on le trouve à New York : c'est le pont de Verrazano (1964, 1 298 m de travée centrale).

Les ponts à haubans

Ce type de pont – où le tablier est suspendu entre deux piliers – est plus récent. Le plus célèbre est le pont de Tancarville (ci-contre) sur l'estuaire de la Seine, lui-même dépassé depuis 1995 par celui de Normandie (avec une longueur de 2 141 m et une travée centrale de 856 m) implanté à quelques kilomètres en aval.

Les barrages

Le plus ancien est construit en Égypte vers 3000 av. J.-C., comme retenue d'eau pour l'irrigation. Le premier barrage-voûte moderne est construit dans les années 1850 par l'ingénieur français Zola (le père de l'écrivain) près d'Aix-en-Provence. Les plus grands sont ceux qui servent à produire de l'électricité, comme celui de Serre-Ponçon en France, d'Assouan en Égypte, d'Itaipu au Brésil. Le barrage hydro-électrique le plus vaste a été construit au Québec sur la baie James, délimitant un plan d'eau artificiel cinq fois plus étendu que le lac Léman.

Le tunnel sous la Manche

Avec près de 50 km de long (dont 31 km sous la mer), le tunnel sous la Manche est au deuxième rang mondial. Il a fallu bien du temps avant qu'il ne voie le jour, puisque le premier projet remonte à 1750 et qu'il y en a eu 140 au total ! Ce tunnel, inauguré en 1994, devrait s'appeler tunnel sous la mer du Nord, car ses deux extrémités (cap Gris-Nez et Douvres) sont en réalité situées en mer du Nord. Son plafond se situe à 40 m sous le fond de la mer et à 100 m sous la surface de l'eau.

Projet de locomotive sous-marine du docteur Lacomme (1869).

Les tunnels

L'un des premiers grands tunnels est celui qu'ont creusé les Romains en l'an 78 sur la voie Flaminienne. Les ouvrages terrestres les plus longs se trouvent dans les Alpes, à commencer par celui qui franchit le massif du Saint-Gothard en Suisse (plus de 16 km), suivi du tunnel de l'Arlberg en Autriche (14 km), du Fréjus (13 km) sous le Mont-Cenis, et du tunnel du Mont-Blanc (12 km).

À l'eau !

Que de courage et d'ingéniosité il a fallu pour se lancer sur l'eau ! Les premiers navigateurs ont d'abord cherché à longer les côtes pour ne pas les perdre de vue. Puis, peu à peu, les hommes se sont enhardis et sont partis sur l'eau à la découverte du monde, car la Terre est avant tout un vaste océan... Voir s'éloigner le rivage, s'élancer vers l'inconnu, plonger dans les profondeurs abyssales : quelle aventure !

Les premiers bateaux

Nous ne saurons jamais qui mit à l'eau la première embarcation de l'histoire, mais cela s'est sans doute passé vers 6000 av. J.-C. Ce tout premier bateau n'était probablement qu'un simple tronc d'arbre creusé, ancêtre des pirogues. Que de chemin parcouru depuis !

De frêles radeaux

À la même époque, en Chine, sont construits les premiers radeaux, assemblages de bambous et de troncs de balsa reliés par des lianes. Simultanément, au Moyen-Orient, les Mésopotamiens utilisent, sur les fleuves Tigre et Euphrate, des *keleks*. Ces radeaux plus évolués sont faits de tiges de roseau liées entre elles après avoir été enduites de bitume, pour leur donner une certaine étanchéité.

Ces bateaux de roseaux assyriens datent du VIIe siècle av. J.-C.

L'incroyable tour de l'Afrique

Les Égyptiens de l'Antiquité fabriquent des embarcations à coque étroite, faites de gerbes de roseaux et de feuilles de papyrus liées aux deux extrémités. Vers 3500 av. J.-C., ils construisent le premier bateau digne de ce nom, en bois. C'est avec de tels navires qu'ils quittent les fleuves et s'aventurent en mer. Au VIIe siècle avant notre ère, des marins phéniciens effectuent le tour de l'Afrique pour le compte du pharaon Néchao II. Ce fantastique périple est le premier grand voyage d'exploration maritime de l'humanité.

À la découverte de l'Amérique

Bien plus tard, très loin de l'Afrique, en Scandinavie, les Vikings entreprennent de construire des navires à coque longue, propulsés à la fois par des rameurs et par une voile rudimentaire. Ces bateaux vikings sont souvent baptisés à tort *drakkars*. En réalité, ce terme (qui signifie dragon) ne s'applique qu'à la figure de proue ; parfois celle-ci représente un serpent, on appelle

alors l'embarcation *snekkar*. Le véritable nom de ces navires dépend en fait de leur utilisation : ceux destinés au commerce sont des *knorrs*, tandis que les *langskips* sont utilisés pour les combats. Vers 650, avec ces bateaux munis d'une quille qui augmente leur stabilité, les " hommes du Nord " partent en reconnaissance sur la mer du Nord et sur la Baltique. C'est à bord de l'un d'eux que le Viking Erik le Rouge atteint le Groenland en 983. Peu après, son fils Leif Eriksson touche la côte du continent nord-américain quelque part dans la région du Labrador. Il est ainsi le premier Européen à découvrir l'Amérique, cinq siècles avant Christophe Colomb !

Et vogue la galère...

La galère est née en Méditerranée lorsque la pagaie, prenant appui sur la "lisse", c'est-à-dire le bord de l'embarcation, est remplacée par la rame (vers 3000 av. J.-C.). Les Phéniciens, puis les Grecs, les Romains, les Vénitiens et les Turcs en font grand usage dans l'Antiquité et au Moyen Âge. Vers 1500, les galères vénitiennes peuvent ainsi se rendre en un mois du sud de l'Angleterre à l'entrée de l'Adriatique, en franchissant 150 km par jour. Il existe plusieurs sortes de galères (birèmes, trirèmes, quadrirèmes) selon le nombre de rangs de rameurs (deux, trois ou quatre). Pendant des millénaires, la galère est le principal navire de combat sur la Méditerranée. En 1571, la bataille de Lépante est le dernier grand affrontement de galères.

Quelle galère !

Les galériens étaient le plus souvent des prisonniers de guerre, des renégats, des forçats, des esclaves, et parfois des volontaires engagés pour un salaire de misère. L'ensemble des rameurs formait la "chiourme", d'où le nom de "garde-chiourme" donné à celui qui fixait la cadence de rame, à coups de fouet...

Des caravelles aux clippers

L'utilisation du vent pour pousser les navires au large s'est imposée naturellement, comme auxiliaire de la rame pour profiter du vent arrière. Encore fallait-il savoir apprivoiser cette énergie naturelle et gratuite. Ce fut fait, semble-t-il, dès 3300 avant notre ère, comme l'attestent les dessins de bateaux à voiles carrées que l'on voit sur des poteries égyptiennes.

La bonne voile

Bien plus tard, vers l'an 200, les Chinois remarquent que l'utilisation de traverses horizontales permet de modifier l'orientation de la voile par rapport au vent, ce qui rend les manœuvres plus faciles. À la même époque, les Romains ajoutent (à l'arrière du bateau) une petite voile, la voile d'artimon, tandis que les Arabes inventent la voile triangulaire qui, quatre siècles plus tard, est adoptée en Europe sous le nom de "voile latine".

① Jonque chinoise avec voiles équipées de traverses.
② Vaisseau marchand romain avec voile d'artimon.
③ *Dhow* arabe avec voiles latines.

❶ ❷

Les caravelles à l'assaut des océans

Pour affronter l'océan, les marins espagnols et portugais créent, vers 1430, les caravelles. Ce sont des voiliers de taille relativement réduite (15 à 25 m de long), mais très maniables. Robuste et légère, la caravelle remonte bien au vent (elle peut quasiment naviguer avec un vent de face, ce qui est impossible pour les autres navires de l'époque) et son faible tirant d'eau (profondeur d'enfoncement de la coque) lui permet de naviguer même en eaux peu profondes : c'est le navire d'exploration par excellence. C'est d'ailleurs avec trois caravelles – la *Niña*, la *Pinta* et la *Santa Maria* – que Christophe Colomb, parti d'Espagne en 1492, a pu atteindre le Nouveau Monde au niveau des îles Bahamas.

Plus grands, plus rapides

Après les grandes découvertes, l'exploitation commerciale des nouvelles colonies exige des bâtiments plus grands, et mieux armés car les pirates se montrent toujours plus intrépides. D'où la construction de galions, gros voiliers-cargos lourds et renflés, chargés de rapporter en Europe les trésors trouvés dans les contrées lointaines. À partir de 1820, les voiliers subissent la concurrence des premiers bateaux à vapeur. Pour y résister, ils doivent gagner en vitesse, c'est pourquoi on cherche à améliorer la forme des coques. Alors que les petits voiliers les plus rapides ne dépassent pas 12 nœuds, les clippers, avec leur longue coque effilée et leur importante voilure, peuvent atteindre 18 nœuds, soit 33 km/h. Ils sont conçus pour le transport rapide de marchandises périssables comme le thé ou les épices. En 1865, les clippers américains traversent habituellement l'Atlantique en 18 jours d'est en ouest, et en 14 jours dans l'autre sens. Il faudra attendre un demi-siècle pour que des bateaux à vapeur fassent aussi bien !

Le *Great Republic*, inauguré en 1853, fut l'orgueil de la marine marchande américaine. Ce voilier (le plus grand du monde !) mesurait 100 m de long et offrait au vent une surface de voilure de 5 800 m^2. Mais il ne fallait pas moins de 500 hommes d'équipage pour manœuvrer un tel monstre !

Les voiliers actuels

Les clippers seront à leur tour détrônés par les multicoques de compétition modernes ; les matériaux légers et résistants qui les constituent (fibres de carbone), leur carénage optimisé par ordinateur, notamment, leur permettent de faire le tour du monde en 2 mois... Les premiers catamarans, qui sont des bateaux à deux coques séparées mais reliées entre elles, semblent avoir été construits en Polynésie voilà plus de 1 500 ans. Ils sont plus stables et filent plus vite. C'est grâce à eux que les navigateurs d'aujourd'hui remportent presque toutes les compétitions de vitesse.

Vers la modernité

Pendant des dizaines de siècles, les marins du monde entier ont sillonné les mers en utilisant l'énergie fournie par le vent. Puis la voile a cédé la place à de nouveaux moyens de propulsion : le charbon, le pétrole et même l'atome. Les navires sont du même coup devenus plus rapides, plus puissants, et ont pu être affectés à d'autres tâches que le simple transport de marchandises ou de passagers.

La vapeur remplace le vent

Dès 1690, le Français Denis Papin (*voir pp. 42-43*) imagine que sa machine à vapeur fasse tourner deux roues placées de chaque côté de la coque. Mais il n'est jamais passé à une réalisation pratique. Après quelques tentatives, c'est finalement le Français Jouffroy d'Abbans qui conçoit le premier bateau à vapeur opérationnel, le *Pyroscaphe*, à bord duquel il remonte la Saône en 1783. Les Américains John Fitch et James Rumsey s'opposent en 1791 pour obtenir le premier brevet pour le "vapeur", mais leurs inventions ne rencontrent aucun succès.

Les premiers succès des "vapeurs"

Le grand nom, dans le domaine des bateaux à vapeur, est en fait celui de Robert Fulton. Cet Américain, artiste peintre à l'origine, lance en effet leur construction à l'échelle industrielle. En 1807, il construit le *Clermont*, premier véritable bateau à vapeur commercial. L'inventeur a d'abord du mal à convaincre ses compatriotes d'embarquer sur ce navire, qui finalement assurera pendant quelques années une liaison régulière entre New York et Albany, sur une distance de 240 km, à la vitesse de 8 km/h. Après cela, on se risque à traverser l'Atlantique. Un navire baptisé *Savannah* part de la côte est des États-Unis en mai 1819 et arrive en Grande-Bretagne un peu moins d'un mois plus tard. Pari tenu !

Le *Savannah* – en fait un ancien voilier sur lequel sont installées une machine à vapeur et des roues à aubes amovibles – est le premier "vapeur" à se risquer sur l'océan.

Des roues pour un bateau !

Les roues à aubes sont formées d'une succession de pales, généralement en bois, qui plongent partiellement dans l'eau. Apparues au Moyen Âge, elles équipaient alors des moulins à eau, construits sur des rivières au courant rapide afin de produire de l'énergie utilisée pour moudre du grain ou filer de la laine. Puis, au début du XIXe siècle, on en installe sur des bateaux où elles ont alors un rôle inverse: mises en mouvement par un moteur (à vapeur), elles peuvent faire avancer le navire, mais à faible vitesse et avec beaucoup de bruit. Des bateaux propulsés par des roues à aubes, à vocation touristique, circulent encore sur le Mississippi aux États-Unis et sur le lac Léman, en Suisse.

L'hélice

Les premières hélices pour la marine sont imaginées puis construites dans les années 1830. En tournant dans l'eau, l'hélice effectue un mouvement qui s'apparente à un vissage, entraînant du même coup un déplacement du bateau sur lequel elle est fixée. Le système s'impose rapidement sur tous les bateaux à moteur. Les navires à coque métallique en particulier vont connaître un grand essor grâce à cette invention. Dès 1841, le premier vapeur ainsi propulsé, le *Napoléon*, quitte Le Havre.

L'âge du métal

À partir des années 1820, les progrès de la métallurgie aidant, la construction métallique supplante le bois pour les bateaux à vapeur. C'est une véritable révolution car les nouvelles coques sont plus portantes, plus résistantes et nécessitent moins d'entretien.

Mieux que la vapeur !

Autre grand progrès : l'apparition de la turbine à vapeur dans les années 1890. Ce nouveau type de propulsion, où la vapeur n'est plus utilisée dans un piston mais est directement projetée sur des pales en rotation, s'avère d'un excellent rendement et permet de construire des bateaux à moteur de plus petites dimensions. Au début, les constructeurs ont du mal à maîtriser la grande vitesse de la turbine, qui empêche de la coupler directement à l'hélice du bateau. Ce problème est résolu en installant des séries d'engrenages qui réduisent la vitesse de rotation finale. Plus tard, les moteurs à explosion (Diesel), jusque-là utilisés pour les automobiles, sont installés à bord de bateaux. La grande majorité des navires actuels utilisent toujours ce mode de propulsion.

Le paquebot
À l'origine (au XIXe siècle), la mission de ces navires est d'assurer à la fois le trafic de marchandises et de passagers, en transportant des colons avec tous leurs bagages (y compris les meubles). Des paquebots de plus en plus grands sont construits, le plus prestigieux étant le célèbre *Titanic*, qui fait naufrage dès sa première traversée, en avril 1912. Par la suite, outre la vitesse, on se soucie aussi d'améliorer le confort de ces géants. Le plus grand paquebot du monde est aujourd'hui le *Queen Mary II*, long de 345 m, qui peut embarquer près de 3 100 passagers.

Le ferry-boat
Comment faire traverser un lac ou un fleuve à un train quand on ne peut pas construire de pont ? Les ingénieurs du milieu du XIXe siècle ont trouvé la solution : en embarquant le train sur un bateau ! La première ligne régulière de ferry-boats, en mer et avec passagers, est inaugurée en février 1918 entre Dieppe et Newheaven (en Angleterre), avec le *Princess Iris*. Grâce à ses deux portes (une à l'avant et une à l'arrière), le ferry peut embarquer et débarquer des voitures et des camions très facilement.

Le brise-glace
Le premier brise-glace, le *Murtaja*, est finlandais et date de 1890. Ce type de navires sert à ouvrir une route aux autres bateaux quand la mer est gelée. La coque d'un brise-glace est conçue pour offrir une grande résistance aux poussées exercées par la banquise. Contrairement à ce que l'on pourrait croire, l'avant du navire ne "coupe" pas la glace. Il se fraie un chemin en se soulevant puis en retombant sur la banquise, qui se brise alors sous son poids. Le plus puissant brise-glace jamais construit est le *Lénine* soviétique, en 1957, premier navire à être par ailleurs équipé d'un propulseur nucléaire. Il pouvait briser une calotte de glace de 3 à 4 m d'épaisseur.

Le pétrolier

Les premiers navires pétroliers n'étaient en fait que de simples voiliers transportant des conteneurs de tôle disposés côte à côte sur le pont et remplis... de vin ! Ces "pinardiers" sont ensuite adaptés pour le transport de pétrole, et c'est en 1868 qu'est lancé, sur la mer Caspienne, un vapeur à coque d'acier, le premier vrai pétrolier. Il pouvait contenir 240 t de pétrole, contre 500 000 pour certains "tankers" actuels ! Au début, le précieux hydrocarbure se trouve directement en contact avec la coque dans un réservoir unique. Mais aujourd'hui, du fait de plusieurs marées noires catastrophiques, les pétroliers classiques sont de plus en plus remplacés par des navires à double coque.

Le porte-avions

C'est un pilote américain, Eugène Ely qui, pour la première fois en 1910, réussit à décoller puis, en 1911, à se poser avec son biplan sur le pont d'un navire. Dans les années 1920, on adopte la formule du pont décentré (oblique par rapport à l'axe du navire) et dégagé de bout en bout, qui permet un "appontage" plus facile et plus sûr.

L'hydroglisseur

Pourquoi un bateau ne glisserait-il pas sur l'eau ? C'est en se posant cette question que plusieurs inventeurs, dont le comte Lambert de Versailles, ont mis au point l'hydroglisseur à la fin du XIXe siècle. Le principe consiste à donner au bateau un fond plat et une vitesse suffisante pour le faire sortir de l'eau. Il n'a plus alors de contact avec l'élément liquide que par deux sortes d'ailerons, les "redans". La coque n'étant plus immergée, la propulsion est assurée par une hélice aérienne semblable à celle des avions. Les hydroglisseurs actuels peuvent atteindre 100 km/h.

L'aéroglisseur

Le premier aéroglisseur marin est conçu par l'Anglais Christopher Cockerell en 1955. Il se déplace à la vitesse de 32 nœuds (60 km/h) en se soulevant à 20 ou 30 cm au-dessus de l'eau grâce à un coussin d'air créé dans la coque par de puissants ventilateurs placés sur le pont. Il peut aussi se déplacer sur la plage pour embarquer ses passagers. Par mer calme, les aéroglisseurs les plus puissants peuvent même atteindre 150 km/h en transportant 500 passagers !

Pour aider les navigateurs

Les marins ont toujours utilisé des repères pour s'orienter et éviter les endroits dangereux en plaçant des signaux près des récifs et dans les estuaires : phares, balises, etc. Connaître les pièges de la mer, c'est bien. Mais à quoi sert de naviguer si on ne sait pas précisément où l'on se trouve ni où l'on va ? Heureusement, les instruments de navigation sont là...

Les phares ①
Pour guider les navigateurs, il fallait un signal lumineux visible de loin. On a donc d'abord allumé des feux au sommet des collines, puis en haut de tours. La lumière est produite par un feu de bois puis par des lampes à huile. Au XIXe siècle, les phares commencent à être équipés d'un éclairage plus puissant, au gaz, remplacé ensuite par l'éclairage électrique. Pour augmenter la portée du signal, on place derrière la source lumineuse une sorte de miroir concentrant les rayons lumineux, mais le progrès décisif est l'invention de la lentille à échelons (1821) qui permet d'accroître considérablement la luminosité du faisceau, donc sa portée.

Le sextant ②
Au milieu du XVIIIe siècle, sur le modèle de l'astrolabe antique, on invente le sextant. On mesure la hauteur d'un astre au-dessus de l'horizon, et ainsi on peut déterminer la latitude du lieu où l'on se trouve. Grâce à un jeu de miroirs, le sextant permet de faire le point en mer malgré les mouvements du bateau.

Les cartes marines ③
À l'origine, les "portulans" ne mentionnaient que les ports, les golfes, et l'embouchure des fleuves. Les cartes modernes sont beaucoup plus riches d'informations, car elles indiquent notamment la profondeur, la position des récifs, les limites de l'estran (zone tour à tour couverte et découverte entre les marées haute et basse), et même la localisation des épaves connues.

La boussole ④

La magnétite est une pierre qui, posée sur une surface lisse, s'oriente en direction du nord. Au IXe siècle, les marins chinois puis arabes et indiens exploitent cette caractéristique pour se guider en mer. L'invention n'arrive en Europe que vers 1100. L'aiguille de la boussole est au début un petit poisson en bois contenant un fragment de magnétite et flottant dans un bol d'eau.

Le sondeur ou sonar ⑤

Pour connaître la profondeur, la plupart des navires sont équipés d'un sondeur qui mesure la distance du fond en émettant des ultrasons et en analysant le temps qu'ils mettent pour remonter à la surface. Le sondeur sert aussi à localiser les bancs de poissons. C'est en quelque sorte un radar fonctionnant sous l'eau.

Le GPS ⑥

Pour se situer en mer, le système de localisation par satellites, ou GPS (*Global Positioning System*), est bien plus précis que le sextant et utilisable par tous les temps.

Balise et système Argos ⑦

Depuis 1978 existe le système Argos de balises surveillées par satellite, mis au point par la France et les États-Unis. Un navire en détresse peut être localisé et donc secouru dans les meilleurs délais. Cette balise peut être déclenchée volontairement ou automatiquement au contact de l'eau en cas de naufrage.

Des cloches à plongeur au scaphandre autonome

On ne sait pas exactement à quel moment l'homme a constaté qu'il pouvait retenir son souffle pour aller sous l'eau, mais on sait que des plongeurs pêchaient des éponges et des perles à 20 ou 30 m de profondeur en 4500 av. J.-C. ! La plongée en apnée ayant ses limites, divers systèmes sont imaginés, dès l'Antiquité, pour alimenter en air le plongeur et lui permettre de rester plus longtemps sous l'eau.

Le tonneau d'Alexandre
En 322 av. J.-C., le conquérant Alexandre le Grand revient d'Inde et fait une halte au bord du golfe Persique. Il descend dans un tonneau étanche (ouvert d'un seul côté) qui, plongé verticalement dans l'eau, emprisonne une bulle d'air permettant la survie de son hôte. À son retour à la surface, Alexandre décrit des créatures monstrueuses, fruit de son imagination et d'une vision déformée par les verres équipant son tonneau. On peut imaginer que les premiers hommes à descendre ainsi sous l'eau ne devaient pas être très rassurés. Cette invention tomba dans l'oubli pendant près de 2 000 ans.

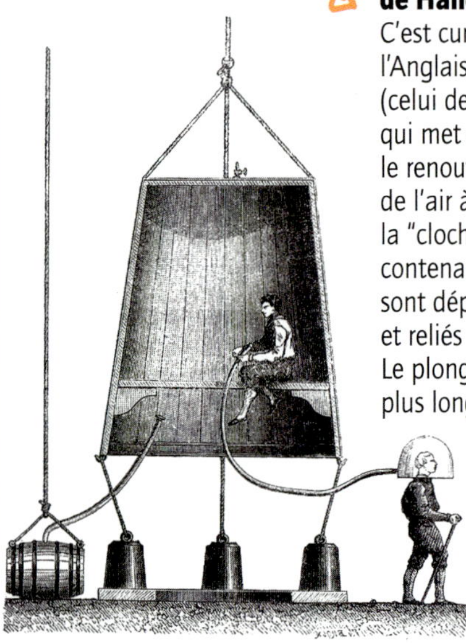

La cloche à plongeur de Halley
C'est curieusement un astronome, l'Anglais Edmund Halley (celui de la célèbre comète), qui met au point en 1690 le renouvellement constant de l'air à l'intérieur de la "cloche" : deux tonneaux contenant de l'air comprimé sont déposés sur le fond et reliés par un tube à la cloche. Le plongeur peut ainsi rester bien plus longtemps sous l'eau.

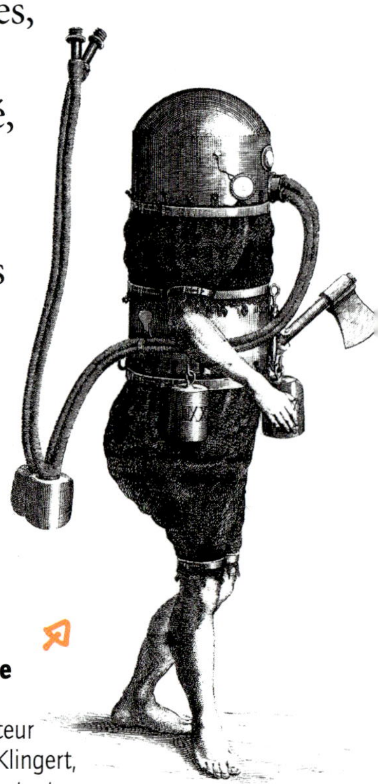

Le scaphandre de Klingert
Grâce à l'inventeur allemand Karl Klingert, les plongeurs sortent de leur cloche ! Son scaphandre, présenté en 1797, se compose d'une veste et d'un pantalon de cuir étanche, et d'un casque en fer-blanc doté de hublots, dans lequel arrivent deux tuyaux reliés à une pompe actionnée en surface : l'un injectant de l'air et l'autre évacuant l'air expiré. Avec cet équipement, les hommes peuvent désormais marcher au fond de l'eau.

L'aérophore

En 1866, les Français Benoît Rouquayrol et Auguste Denayrouze, respectivement ingénieur des Mines et lieutenant de vaisseau, fabriquent "l'aérophore". Cet équipement permet au plongeur de respirer de l'air à pression ambiante (qui est plus forte sous l'eau qu'en surface), sur demande. C'est ce scaphandre qu'utilisent le capitaine Nemo et ses hommes dans le roman de Jules Verne *Vingt Mille Lieues sous les mers*.

Les pieds lourds

Les scaphandres modernes, alimentés depuis la surface, vont connaître leur heure de gloire dans les années 1940 avec l'exploration de nombreuses épaves de navires coulés pendant la Seconde Guerre mondiale. Comme ils sont lestés pour rester au fond de l'eau, on les appelle des "pieds lourds". Le record de profondeur actuel est détenu par des plongeurs de la société française Comex qui, en 1986 (expérience *Hydra VI*), ont pu travailler par 560 m de fond en respirant un mélange gazeux spécial.

Le détendeur

La rencontre de l'ingénieur Émile Gagnan et de Jacques-Yves Cousteau va déboucher en 1943 sur l'invention d'un détendeur (copie presque conforme de l'aérophore) permettant une grande autonomie sous l'eau et le développement de la plongée de loisirs. Désormais, le plongeur porte sur son dos une réserve d'air comprimé, qui passe dans le détendeur à chaque inspiration et s'équilibre pour atteindre la pression ambiante.

Les accessoires de plongée

La combinaison de plongée ne date pas d'aujourd'hui puisque l'Allemand Auguste Siebe l'invente en 1829 ; Joseph Cabirol la perfectionne en 1855 et en fait un vêtement souple, plus ou moins épais selon la température de l'eau. On utilisait déjà des tubas ("trompette" en latin) dans l'Antiquité. Vers 1500, Léonard de Vinci dessine des palmes pour les pieds... et les mains ! Mais les premières ne sont fabriquées que dans les années 1930 en France, par le commandant Louis De Corlieu. À la même époque est conçu le masque de plongée étanche. Quant à la montre de plongée (ou "profondimètre"), qui mesure le temps, la pression et donc la profondeur, elle date de 1935.

2
2
1
3

Dans les abysses

Le monde des grands fonds est longtemps resté totalement inconnu, car descendre à plusieurs milliers de mètres sous l'eau est très difficile en raison de la pression. À quelques centaines de mètres seulement, elle peut en effet écraser le moindre habitacle comme une coque de noix. Les bathyscaphes, aux parois très épaisses, conçus pour descendre sur le plancher des océans, nous ont révélé un monde fabuleux.

L'exploration des grands fonds océaniques commence en 1934 avec la *Bathysphère* (sphère suspendue à un filin) des Américains Barton et Beebe qui atteignent 908 m. En 1954, c'est le grand plongeon (un peu plus de 4 000 m) pour le bathyscaphe *FNRS-3* d'Auguste Piccard (célèbre aérostier suisse, *voir pp. 94-95*). Puis le *Trieste* américain, avec à son bord Jacques Piccard (fils d'Auguste) et un officier de la Marine américaine, effectue en 1960 une descente à 10 916 m dans la fosse des Mariannes (océan Pacifique), record jamais battu. Les bathyscaphes sont construits autour d'une grande sphère très résistante ①, souvent en alliage de titane, dans laquelle prennent place deux ou trois personnes. Cette sphère est entourée de plusieurs petites sphères contenant du matériel scientifique. La coque extérieure abrite un matériau de flottabilité, sorte de mousse de faible densité. Sur cette coque sont fixés les moteurs de propulsion ② et les différents capteurs relevant la pression et la température ③. À la différence des sous-marins, les bathyscaphes n'ont pas une grande autonomie de déplacement. Un navire les transporte sur le site choisi pour la plongée, qui dure une dizaine d'heures au maximum. Ils sont équipés de projecteurs ④, d'appareils de prise de vues ⑤, et de pinces pour effectuer des prélèvements ⑥. Les bathyscaphes actuels ne descendent plus au-dessous de 6 000 m, mais cela leur permet tout de même d'explorer 98 % des fonds océaniques.

La conquête de la 3e dimension

Avant même d'avoir complètement exploré sa propre planète, l'homme tourne déjà les yeux vers le ciel. Et bien que la technique ne permette pas de le réaliser, le voyage dans l'espace inspire poètes et romanciers. Si l'homme a pu parcourir les continents et sillonner les océans, il est hélas incapable de s'élever dans les airs. Son aventure aérienne ne commence qu'à la fin du XVIIIe siècle, avec l'envol des montgolfières.

En 1865, dans son célèbre roman *De la Terre à la Lune*, Jules Verne propulse ses trois héros vers l'astre des nuits avec un gigantesque canon. C'est en fait la fusée, une invention vieille comme le monde, qui ouvre finalement les portes du cosmos...

La tête dans les nuages

Après avoir découvert qu'un sac en papier rempli d'air chaud monte au plafond, Joseph de Montgolfier et son frère cadet Étienne cherchent à faire voler encore plus haut des ballons de leur fabrication. Un jour d'avril 1783, c'est une énorme enveloppe qui s'élève au-dessus de leur jardin, jusqu'à 400 m d'altitude. Ce premier vrai “ballon” sera baptisé “montgolfière” en leur honneur.

Premières tentatives

Le 4 juin 1783, des représentants officiels sont réunis à Annonay (France) – où vit la famille de Montgolfier – pour voir s'envoler une gigantesque “bulle” d'air chaud de 12 m de diamètre. L'enveloppe est en toile de coton, cousue sur des feuilles de papier découpées en fuseaux et assemblées par des boutonnières ; une ouverture, à sa base, laisse entrer l'air chaud d'un feu de paille et de laine. Quand la quantité d'air chaud est suffisante, on coupe les cordes et le ballon s'élève sous les regards émerveillés de la population. Il monte à plus de 1 000 m, altitude incroyable, avant de redescendre 10 minutes plus tard à quelques kilomètres de là, dans les vignes du Beaujolais.

Trois mois plus tard, les frères de Montgolfier sont conviés par l'Académie des sciences pour une nouvelle démonstration. Cette fois, le ballon emporte dans les airs un canard, un coq et un mouton ! Ce premier vol habité a lieu à Versailles en présence du roi Louis XVI. Comme les animaux sont récupérés sains et saufs, un jeune professeur de chimie, Pilâtre de Rozier, demande à tester l'engin à son tour, mais le roi s'y oppose !

Même pas cap'

Si les frères de Montgolfier n'embarquent pas eux-mêmes dans leur ballon, ce n'est pas par manque de courage, mais pour respecter une promesse qu'ils ont faite à leur père...

L'homme décolle enfin !

Le roi Louis XVI finit par donner son autorisation, mais refuse d'assister à l'envol. Le 21 novembre 1783, Pilâtre de Rozier et le marquis d'Arlandes (il faut deux passagers pour équilibrer la nacelle) ont le courage de monter à bord d'un aérostat encore plus grand. On imagine l'émotion qu'ils ont dû ressentir en voyant le sol s'éloigner lors de ce premier baptême de l'air de l'histoire. Les deux hommes atterrissent à 10 km de là, après un vol de 25 minutes qui les a emmenés jusqu'à 1 000 m d'altitude !

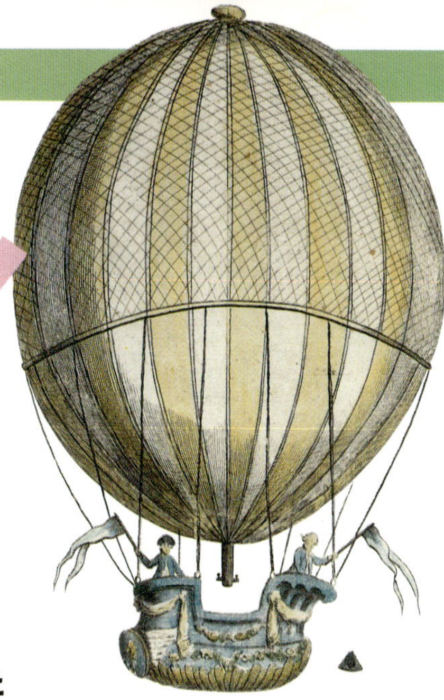

Jacques Charles et **Nicolas Robert** au-dessus du jardin des Tuileries, le 1er décembre 1783.

Pilâtre de Rozier a pris goût aux vols en ballon, mais il va être victime de sa témérité : il se noie en juin 1785 en tentant de traverser la Manche en ballon. L'exploit a été réussi quelques mois plus tôt par Jean-Pierre Blanchard, qui perdra lui aussi la vie lors de sa 66e ascension. On note aujourd'hui un regain d'intérêt pour les montgolfières, grâce aux tissus synthétiques légers et aux performants brûleurs à gaz propane, mais c'est un loisir très coûteux.

Encore plus haut

Dix jours seulement après la première ascension de Pilâtre de Rozier et du marquis d'Arlandes, le physicien Jacques Charles s'élève dans les airs. Il utilise un autre type de ballon, dans lequel l'air chaud est remplacé par l'hydrogène, un gaz plus léger que l'air. L'avantage du ballon à gaz, c'est qu'il n'a pas besoin d'être continuellement alimenté en air chaud. Avec l'un d'eux, Jacques Charles s'élève au-dessus du jardin des Tuileries, à Paris, devant 400 000 personnes. L'aéronaute est installé dans une sorte de panier en lattes de bois recouvertes de tissu, suspendu sous un ballon de 4 m de diamètre. L'engin l'emporte à 3 000 m d'altitude, bien plus haut que les montgolfières…

Seulement 20 jours !

Dans un roman célèbre, Jules Verne fait accomplir à ses héros un tour du monde en 80 jours. En réalité, on peut faire beaucoup mieux, comme l'ont montré les aéronautes du *Breitling-Orbiter 3* en 1999. Le Suisse Bertrand Piccard et le Britannique Brian Jones ont en effet bouclé le tour de la Terre en montgolfière en un peu moins de 20 jours.

Le professeur Piccard entrant dans la nacelle de l'aérostat qui lui a permis d'atteindre la stratosphère (couche de l'atmosphère comprise entre 12 et 50 km d'altitude).

Des ballons libres servent aussi, parfois, à des missions scientifiques pour observer les astres. En 1931, le professeur Auguste Piccard devient le premier homme à pénétrer dans la stratosphère. Ce physicien suisse – qui a inspiré le dessinateur Hergé pour le célèbre personnage du professeur Tournesol dans Tintin – a conçu une capsule pressurisée qui lui permet de grimper jusqu'à 16 000 m. À cette altitude, le ciel est noir même en plein jour, et il n'y a plus assez d'air ni de pression pour survivre. En 1962, l'astronome Audouin Dollfus, emporté par une grappe d'une centaine de ballons, monte à son tour dans la stratosphère pour observer la planète Vénus.

De la météo à Vénus

Les ballons vont montrer leur utilité pour la science, et notamment pour l'étude de l'atmosphère jusque-là mal connue. Le premier "ballon-sonde" est inventé en 1892 par Gustave Hermite, en France, puis perfectionné plus tard par le météorologiste Teisserenc de Bort à l'observatoire de Trappes, près de Paris. Ces ballons grimpent jusqu'à 13 000 m d'altitude et pénètrent au-dessus de la zone des nuages dans une nouvelle couche atmosphérique : la stratosphère. Une trentaine d'années passent, et les possibilités de la radio permettent de lancer des "radiosondes", transmettant leurs mesures à distance et en temps réel. Dans le monde, 4 200 stations de radiosondage effectuent chaque jour deux lancers de ballons-sondes pour la prévision météo.

Les dirigeables

Les ballons ont un inconvénient : ils vont seulement là où le vent les porte… C'est pourquoi, moins d'un an après le vol inaugural des frères de Montgolfier, un chimiste imagine de piloter un engin avec des rames et un autre inventeur essaie de diriger son ballon avec une hélice qu'il fait tourner à la main. Mais il faut beaucoup de force pour contrer le vent.

Machines volantes utopistes imaginées au XVIIIe siècle.

À cette époque, seule la machine à vapeur peut fournir l'énergie nécessaire. L'une d'elles est embarquée sous un ballon par Henri Giffard, qui se rend ainsi de Paris à Trappes (24 km) en 1852. Trente ans plus tard, Gaston Tissandier remplace le moteur à vapeur, trop lourd, par un moteur électrique qui actionne une hélice de 3 m de diamètre. C'est le premier ballon vraiment "dirigeable".

Les "monstres" du ciel

Des dirigeables géants à structure rigide voient le jour en Allemagne à la fin du XIXe siècle à l'initiative du comte Ferdinand von Zeppelin. Ces "zeppelins" sont d'énormes cigares de 240 m de long qui glissent à 130 km/h au-dessus des nuages. Véritables paquebots volants, ils transportent près d'une centaine de passagers avec un grand confort. Une ligne régulière est même ouverte entre l'Allemagne et les États-Unis. Mais les zeppelins tiennent en l'air grâce à leurs 200 millions de litres d'hydrogène, gaz très inflammable, et sont donc de véritables bombes volantes !

En 1937, l'explosion d'un de ces dirigeables, le *Hindenburg*, marque la fin de ce mode de transport. Depuis une vingtaine d'années, de nouveaux dirigeables emplis d'hélium, un gaz presque aussi léger que l'hydrogène mais non explosif, ont fait leur apparition pour des missions d'observation ou de transport de matériel.

Des ballons pour fuir Paris

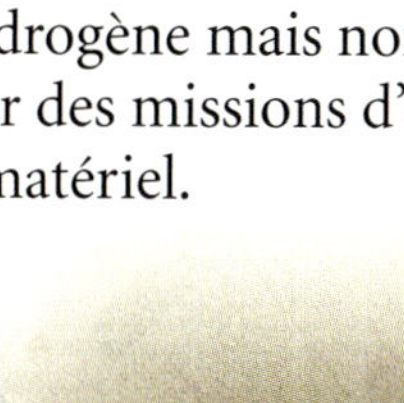

En 1858, Nadar, journaliste, peintre et photographe, prend la première photo aérienne à partir d'un ballon captif. Au cours du siège de Paris, en 1870, il propose ses services et son matériel pour observer les actions des armées ennemies. Il organise le premier départ de Paris encerclé par les Prussiens et, en 4 mois, pas moins de 66 ballons quittent la capitale en emportant au total 168 personnes – dont le ministre de l'Intérieur Léon Gambetta – et plus de 2 millions de lettres.

Ça plane pour moi !

Une légende raconte qu'il y a 3 000 ans un empereur chinois sauta de son palais en feu accroché à deux parasols ! Comme le souverain survécut, des acrobates de cirque décidèrent d'utiliser ces tiges de bambous surmontées d'une corolle de papier pour effectuer de petites chutes. Ainsi serait né le parachute !

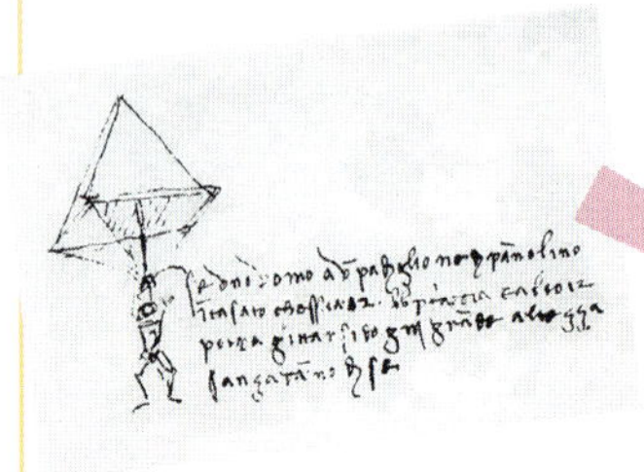

En 1502, le génie italien Léonard de Vinci a l'idée de freiner la chute d'un corps en le suspendant à un morceau de tissu.

Plus douce sera la chute

La technique de Léonard de Vinci est appliquée par Louis-Sébastien Lenormand 6 ans avant la Révolution française. Il construit en effet le premier parachute qui consiste alors en un cercle de toile renforcée de 4,50 m de diamètre. Il semble cependant qu'il n'ait jamais utilisé lui-même son engin : seuls des animaux l'ont testé, placés dans une nacelle jetée du haut d'un observatoire. Le premier homme à oser le grand saut est le Français Jacques-André Garnerin. En octobre 1797, il se jette d'un ballon à 600 m d'altitude au-dessus des toits de Paris et atterrit indemne (*ci-contre*) ! Le parachute est d'ailleurs une passion familiale car son épouse, Jeanne, saute elle aussi et devient la première femme parachutiste, imitée ensuite par leur nièce Élisa.

Planer comme les oiseaux

L'Anglais George Cayley construit en 1809 un planeur sans passager. Le premier vol "habité" est celui du Français Jean-Marie Le Bris qui, en 1856, s'élève au-dessus de la plage de Tréfeuntec, en Bretagne (France). L'industriel allemand Otto Lilienthal fait beaucoup mieux une trentaine d'années plus tard. Il s'élance plus de 2 000 fois d'une colline, suspendu entre des ailes en rotin recouvertes de tissu, les jambes dans le vide pour prendre contact avec le sol à l'atterrissage ! Ses observations sont une mine d'or pour les frères Wright qui, 10 ans plus tard, font voler le premier avion aux États-Unis. Hélas, un jour d'août 1896, c'est le drame : plaqué au sol par un coup de vent soudain, Lilienthal se fracture la colonne vertébrale et meurt peu après. Les premiers véritables planeurs, avec fuselage et ailes, sont construits vers 1895 par Octave Chanute, un ingénieur américain.

Un planeur à moteur

Alors que le deltaplane exige une certaine altitude pour pouvoir s'élancer, l'ULM (ultra léger motorisé) peut décoller du sol. Les premiers prototypes apparaissent en 1975 en France, en Australie et aux États-Unis. De nombreux pilotes de deltaplane se reconvertissent alors dans l'ULM, dont certains modèles approchent les 200 km/h !

Le vol libre

Au XVe siècle, Léonard de Vinci étudie méticuleusement le vol des oiseaux. Il n'essaie pas de voler lui-même, mais les conclusions qu'il tire, concernant par exemple l'existence de courants ascendants porteurs, sont justes. Il fabrique même un parapente en toile de lin. En 1948, un ingénieur de l'agence spatiale américaine, Francis Rogallo, imagine une voile triangulaire pour contrôler l'atterrissage de capsules spatiales, qu'il nomme delta. Trop coûteux, son projet est abandonné, mais pas perdu pour autant.

Un ingénieur australien reprend le concept et, en 1969, Bill Benett, un de ses compatriotes, utilise ce type de voile pour survoler la statue de la Liberté après avoir décollé sur des skis nautiques ! Cette aile remorquée se transforme en deltaplane à décollage autonome, qui conduit ensuite au parapente, où l'aile n'est plus rigide mais souple. Le parapente se développe surtout à partir de 1986. Il séduit par sa simplicité, car il ne nécessite aucune infrastructure : il suffit de grimper au sommet d'une colline ou d'une falaise, et de s'élancer dans le vide…

Otto Lilienthal devient très vite un véritable pilote, qui prend des virages et atterrit là où il veut, jusqu'à 300 m de son point de départ.

Du biplan au supersonique

Le 14 octobre 1947 est une date historique et pourtant peu connue : ce jour-là, un homme vole pour la première fois plus vite que le son. À cette époque, franchir le "mur du son" est une grande inconnue. Chuck Yeager réussit cet exploit sur l'avion *Bell X-1*, en volant à 1 100 km/h.

Après la démonstration des frères Wright, nombreux sont les ingénieurs, ou simples mécaniciens, qui construisent des avions et les pilotent.

Le temps des exploits

Avant d'en arriver là, il a fallu conquérir cette troisième dimension. Aux États-Unis, les frères Orville et Wilbur Wright réussissent en 1903 à faire voler un "plus lourd que l'air" sur quelques mètres. Ils ajoutent un moteur à essence à un planeur et ça marche ! En juillet 1909, Louis Blériot traverse la Manche entre Calais et Douvres en un peu plus d'une demi-heure : un exploit ! Roland Garros franchit ensuite la Méditerranée en septembre 1913 : parti de Saint-Raphaël, il se pose 8 heures plus tard à Bizerte, aujourd'hui en Tunisie, avec seulement cinq litres d'essence en réserve ! Il a franchi 730 km, dont 500 au-dessus des flots. Mais le grand défi, c'est l'Atlantique. À bord du *Spirit of Saint Louis*, l'Américain Charles Lindbergh relie New York à Paris (5 809 km) en un peu plus de 33 heures en mai 1927. Une ère nouvelle s'annonce !

Charles Lindbergh et son monoplan de 220 chevaux.

L'escalade de la vitesse

Les premiers avions ne volent pas très vite (70 km/h jusqu'en 1909) et pas très haut (1 000 m en 1910, 10 000 m vers 1920). C'est surtout la vitesse qui va progresser avec l'avion à réaction. Le premier exemplaire vole en Allemagne en 1939. À la fin de la guerre, l'Américain Chuck Yeager franchit le "mur du son" et, 6 ans plus tard, fait mieux encore en atteignant Mach 2,3 : c'est-à-dire 2,3 fois la vitesse du son (2 650 km/h). L'escalade se poursuit aux États-Unis avec d'autres prototypes qui décollent de la base d'Edwards en Californie. En 1967, l'avion-fusée *X-15* atteint la vitesse record de 7 300 km/h, après avoir frôlé le domaine des engins spatiaux (*voir p. 115*) !

Les avions de ligne

Le premier vol commercial est réalisé en février 1919, entre Paris et Londres, avec 12 passagers. Quatre mois plus tard, c'est le premier vol entre l'Amérique et l'Europe. Mais ces avions ne montent volontairement pas très haut (moins de 3 000 m) afin que les passagers ne subissent pas les inconvénients de la baisse de pression. L'apparition de la cabine pressurisée 2 ans plus tard permet d'envisager la fabrication en série d'avions adaptés au transport de voyageurs. L'aviation commerciale décolle vraiment en 1920, année où environ 300 passagers sont transportés, c'est presque moitié moins qu'à bord d'un avion géant d'aujourd'hui ! En 1933, le premier "avion de ligne", le *Boeing 247,* fait la liaison d'une côte à l'autre des États-Unis en 20 heures.

Avec le *Comet* anglais (1949), des réacteurs remplacent les hélices et permettent un gain de vitesse considérable. Une série d'accidents interrompent sa carrière. La plupart des "jets" – ainsi désigne-t-on les avions propulsés par des réacteurs – volent, en vitesse de croisière, entre 80 et 90 % de la vitesse du son.

Parmi les pilotes d'essais du *X-15*, on trouve Neil Armstrong qui, quelques années plus tard, sera le premier homme à marcher sur la Lune.

Volant à 800 km/h, le *Comet* permet, en 1952, de joindre Londres à Johannesburg (11 000 km) en 17 heures.

Pourquoi les avions volent-ils ?

Si les avions volent, c'est grâce à la "portance", une force dirigée de bas en haut qui leur permet de tenir en l'air. Cette portance est créée uniquement par le profil de l'aile, bombée au-dessus, plane au-dessous. Quand l'avion avance sous la traction de ses hélices (ou la poussée de ses réacteurs), l'aile fend l'air en deux couches : comme celle du dessus suit un trajet plus long que celle du dessous, il s'ensuit une différence de pression qui soutient le poids de l'avion à condition que sa vitesse soit suffisante (au moins 80 km/h à l'atterrissage pour un petit avion de tourisme, et 240 km/h pour un avion commercial à réaction), et l'appareil pas trop incliné. Sinon, il y a "décrochage" et chute brutale vers le sol.

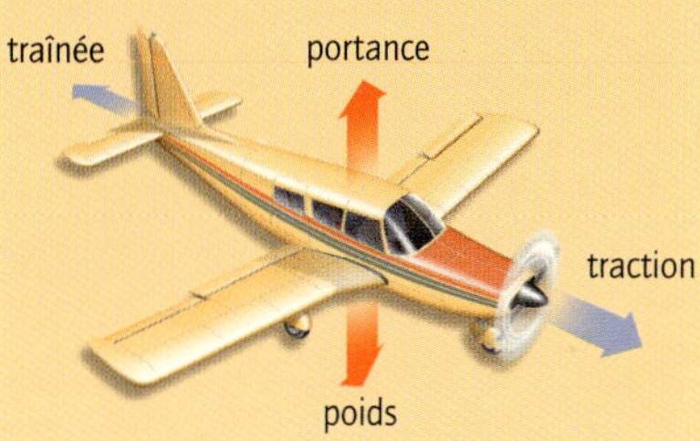

Un gros-porteur européen

En 2000, Airbus Industrie annonce le lancement du gros-porteur *A 380*, capable de transporter plus de 800 passagers.

① Radar
② Poste de pilotage (cockpit)
③ Issues avant et arrière
④ Soute à bagages
⑤ Train d'atterrissage
⑥ Réservoirs de kérosène
⑦ Turboréacteurs
⑧ Ailes
⑨ Volets articulés
⑩ Cabine passagers
⑪ Ailerons
⑫ Dérive
⑬ Gouverne de profondeur

Le Boeing 747

Le *Boeing 747* est le premier gros-porteur de l'histoire de l'aviation, toujours en service après 35 ans d'exploitation. Apparu en 1970, cet avion "jumbo" de 70 m de long et de 60 m d'envergure emporte jusqu'à 500 passagers. Un autre, également de grande capacité, l'a rejoint plus récemment : l'*Airbus 340*, en attendant l'*Airbus 380* et ses 840 passagers !

Le DC3

Le plus mythique des avions de ligne des débuts de l'aviation commerciale est le *DC3*, issu du *Boeing 247* et construit à 14 000 exemplaires. Cet avion entièrement métallique, avec des ailes et un fuselage épais, vole pour la première fois avec 21 passagers. Il relie New York à Chicago pour le compte de la Compagnie Douglas (d'où le D de son sigle) à partir de 1936.

La Caravelle

C'est le premier avion français à réaction équipé de réacteurs situés à l'arrière, contre le fuselage. L'avantage de cette formule est de libérer l'aile, ce qui donne une meilleure portance à l'avion, une meilleure stabilité et réduit le bruit. Mis en service en 1959, il emporte 140 passagers. C'est l'avion qui a connu le moins d'accidents.

Le Concorde

Concorde, dont le premier vol a lieu en mars 1969, reste en service commercial pendant 27 ans, de son vol inaugural sur la ligne Paris-Dakar-Rio à son dernier vol commercial New York-Londres en 2003. Aucun autre supersonique civil ne l'a encore remplacé. Le *Concorde* franco-britannique et le *Tu-144* soviétique sont les seuls avions civils à avoir volé à Mach 2 (2 200 km/h).

Le Tupolev

Le *Tu-144*, copie quasi conforme du *Concorde*, fait ses premiers essais quelques mois avant le supersonique franco-anglais, mais son exploitation se limite au transport du courrier à l'intérieur de l'URSS. Son crash, lors d'une démonstration au Salon aéronautique du Bourget en 1973, brise sa carrière commerciale. Il a pourtant encore été utilisé après cela, les Américains l'ayant choisi comme banc d'essai volant, pour tester leur future génération de supersoniques...

Les avions de tourisme

En 1948, Edouard JOly et Jean DELémontez associent leurs deux noms : ainsi naît le célèbre *Jodel*. Tout aussi célèbres sont les *Cessna* et *Piper*. C'est sur un *Cessna* que le jeune Allemand Mathias Rust se pose sur la place Rouge à Moscou, en mai 1987, sans avoir été inquiété par la chasse soviétique !

L'hydravion

En mars 1910, Henri Fabre est le premier au monde à faire déjauger un hydravion, appareil qu'il a construit lui-même. Tiré par un moteur de 50 chevaux, il décolle lors du premier essai sur l'étang de Berre, dans les Bouches-du-Rhône.

Le Canadair

C'est une compagnie canadienne commerciale (Fairey) qui, en 1960, convertit des avions-cargos pour en faire des avions-citernes spécialisés dans la lutte contre les incendies de forêts. Ces avions peuvent écoper des dizaines de milliers de litres d'eau à la surface des lacs. Devant leur efficacité, d'autres pays s'équipent de ces bombardiers à eau, baptisés Canadair en raison de leur origine.

L'hélicoptère

C'est fou ce que peut faire un hélicoptère : secourir un alpiniste en difficulté, transporter de lourdes charges au sommet d'un immeuble, acheminer un blessé vers l'hôpital le plus proche en se jouant des embouteillages… Ces performances, l'hélicoptère les réalise parce qu'il est capable de rester en vol stationnaire au-dessus d'un point donné grâce à son rotor, un système qui remplace tout à la fois les ailes et l'hélice d'un avion !

Voilà cinq siècles, le célèbre artiste et inventeur Léonard de Vinci a tracé les plans d'une machine qui "se visse dans l'air par elle-même" selon sa propre expression. La pièce maîtresse en est déjà le rotor, qu'il appelle "helix" ! Mais il lui manque un moteur, la force humaine - la seule disponible à l'époque - étant bien insuffisante pour faire s'élever un engin plus lourd que l'air.
L'hélicoptère a plusieurs avantages par rapport à l'avion : il peut décoller et se poser presque n'importe où sans avoir besoin de piste, rester fixe au-dessus d'un point précis, et changer de direction presque instantanément.
Le premier hélicoptère est assez récent. Il a été construit en 1939, par un ingénieur américain d'origine russe, Igor Sikorsky, et mis en service 5 ans plus tard. Depuis lors, de nombreux modèles ont vu le jour, adaptés à toutes sortes de missions.
C'est toutefois un moyen de transport très coûteux (trois fois plus qu'un avion à charge égale), car le rotor est un système fragile qui doit être révisé très souvent.

La magie du rotor

Le rotor est constitué de 2 à 6 pales, longues, étroites et souples, qui fendent l'air en tournant. Profilées comme des ailes d'avion, ces pales assurent à la fois la portance (qui maintient l'appareil en l'air), et la poussée (qui lui permet d'avancer). Si elles étaient planes, elles ne feraient que du vent et l'hélicoptère resterait au sol…
C'est l'inclinaison du rotor, combinée à la variation de l'angle des pales, qui permet de piloter l'hélicoptère dans toutes les directions, même en marche arrière ! Pour se déplacer, on incline le rotor dans la direction à prendre. Quant au petit rotor de queue, il empêche l'appareil de tourner sur lui-même comme une toupie.

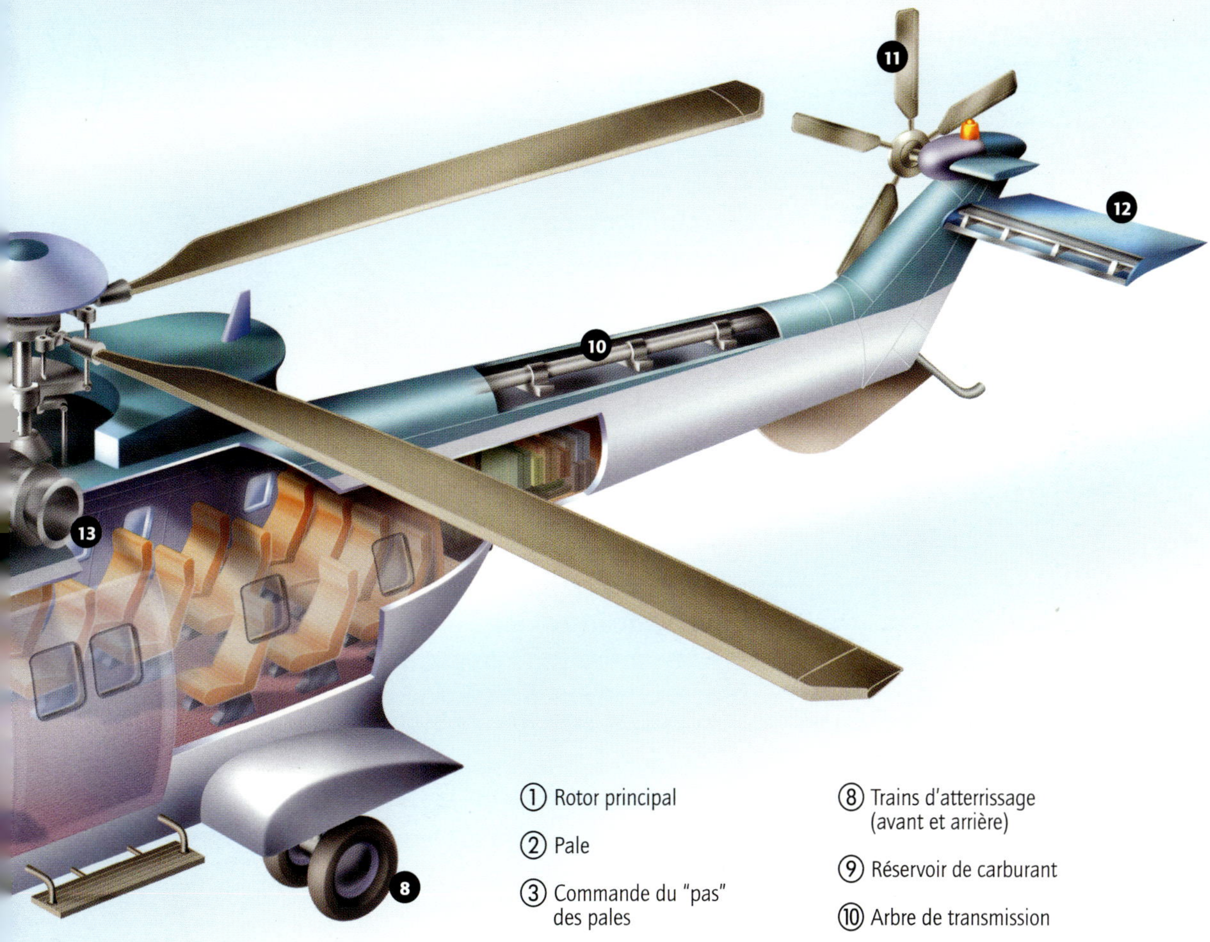

① Rotor principal
② Pale
③ Commande du "pas" des pales
④ Turbine
⑤ Filtres à air
⑥ Palonniers
⑦ Radar
⑧ Trains d'atterrissage (avant et arrière)
⑨ Réservoir de carburant
⑩ Arbre de transmission
⑪ Rotor de queue
⑫ Gouverne
⑬ Évacuation des gaz de combustion de la turbine
⑭ Manche de pilotage

À travers l'espace cosmique

Dans les premiers siècles de notre ère, les Chinois font une découverte étonnante : en mélangeant du charbon de bois, du salpêtre et du soufre, on obtient une poudre combustible qui permet de fabriquer des pétards et des flèches laissant derrière eux une traînée de feu. Cette "fusée" ouvre, encore timidement, la porte d'accès à l'espace.

Atlantis venant s'amarrer à la station *Mir. Discovery*, *Atlantis* et *Endeavour* servent désormais exclusivement de taxi pour la desserte et l'assemblage de la Station spatiale internationale.

Une nouvelle génération de fusées

Les fusées "à poudre", qui brûlent leur charge en quelques secondes, ne sont pas vraiment adaptées au vol dans l'espace. Le savant russe Konstantin Tsiolkovski est le premier à le comprendre en 1903. Mais le premier à passer à la pratique, 20 ans plus tard, est un jeune professeur de physique américain, Robert Goddard, qui lance des fusées à carburant liquide jusqu'à 2 000 m d'altitude dans l'indifférence générale.
En Allemagne, les recherches de Wernher von Braun, passionné de fusées depuis son enfance, aboutissent au missile V-2 (*voir pp. 122-123*) : il sert de base à toutes les fusées qui lancent des satellites ou des cosmonautes.

16 mars 1926 : Robert Goddard s'apprête à lancer une de ses premières fusées.

Navettes spatiales : des taxis pour le cosmos

Quand, en 1972, se termine le programme Apollo qui a permis d'envoyer des hommes sur la Lune, le président américain Richard Nixon décide de poursuivre l'exploration de l'espace au moyen de fusées récupérables et réutilisables. Ainsi naît le programme de navettes spatiales : ces engins décollent comme une fusée classique et reviennent sur Terre en planant comme un avion. Six énormes avions-fusées de 100 t (2 000 t au décollage) sont construits.
Le tout premier, baptisé *Enterprise*, sert seulement aux tests. Deux autres sont détruits lors d'accidents : *Challenger* suite à une explosion peu après le décollage en 1986, et *Columbia*, désintégré dans l'atmosphère lors d'un retour sur Terre en 2003. Restent en service *Discovery*, *Atlantis* et *Endeavour*.

Chien cosmonaute !

Le premier être vivant à avoir découvert en 1957 les joies de l'espace est... une chienne ! Il faut attendre 1961 pour qu'un homme, Youri Gagarine, aille à son tour dans le cosmos.
La première femme cosmonaute, Valentina Terechkova, est envoyée en orbite en 1963.
Six ans plus tard, Neil Armstrong est le premier cosmonaute à marcher sur la Lune.

Depuis son départ en 1977, la sonde *Voyager* a atteint les confins de notre système solaire. Elle a collecté nombre d'informations sur les planètes lointaines.

Des tremplins vers les planètes

Pour explorer l'espace interplanétaire lointain, les ingénieurs spatiaux ont construit des véhicules automatiques, bardés d'instruments, dont le poids va de quelques dizaines de kilos à plusieurs tonnes. Avec ces sondes, on a exploré la Lune, puis les planètes proches, Vénus et Mars. Pour atteindre les planètes lointaines (Jupiter, Saturne, Uranus et Neptune), il a fallu disposer de fusées plus puissantes, et de sondes capables de résister aux dures conditions de l'espace cosmique.
En une quarantaine d'années, plus d'une centaine de sondes ont voyagé dans le système solaire, et plusieurs se sont même posées sur les planètes Vénus et Mars (effectuant diverses mesures et analyses), tandis que d'autres ont approché des comètes et des astéroïdes.

Une maison dans l'espace

Avant les stations orbitales, les cosmonautes restaient confinés dans leur vaisseau et certains ont orbité autour de la Terre pendant plusieurs semaines, sans pouvoir bouger ! Les choses ont changé avec ces maisons spatiales que sont les stations orbitales. L'URSS est le premier pays à avoir mis en orbite un satellite de grand volume, *Saliout-1*, destiné à héberger des cosmonautes. Les États-Unis lancent ensuite la station géante *Skylab* occupée par neuf astronautes, avant de l'abandonner. Peu après, l'URSS lance plusieurs stations *Saliout*, avant que *Mir* succède à *Saliout-7* en 1986. *Mir* est un véritable “Meccano” de l'espace, formé par l'assemblage d'une demi-douzaine de modules différents. En 15 ans, elle a hébergé une centaine de cosmonautes, d'une vingtaine de nationalités différentes. Il existe aujourd'hui une Station spatiale internationale qui, une fois terminée, pèsera 450 t ! Des équipes de cosmonautes de seize nationalités s'y relaient depuis 1999.

Moment de détente dans la Station spatiale internationale.

Le glaive et le bouclier

Dans l'empire romain, les combats de gladiateurs étaient très populaires. Ces gladiateurs – esclaves, prisonniers ou citoyens ruinés – s'entretuaient ou affrontaient des bêtes féroces, tenant d'une main un glaive (courte épée à double tranchant), et de l'autre un bouclier protecteur. Cette utilisation simultanée d'un outil d'attaque et d'un système de parade a donné lieu, au fil des siècles, à une escalade : à chaque arme, on finit toujours par associer un moyen de riposte. Hélas ! cette course à l'armement continue de marquer l'histoire de l'humanité.

Armes de jet et armes blanches

Que ce soit pour chasser les animaux sauvages ou pour lutter contre leurs congénères, les hommes ont toujours inventé des armes. Dès la préhistoire, ils se servent d'un gourdin noueux plus épais à l'une des extrémités (la massue), que les soldats romains transformeront en une redoutable boule métallique hérissée de piquants, encore utilisée par les chevaliers du Moyen Âge.

L'arc

Son invention se perd dans la nuit des temps : la chasse à l'arc remonte probablement à des centaines de milliers d'années. Au Moyen Âge, les archers ont parfois permis de remporter une victoire, comme à Hastings en 1066, à Crécy en 1346 ou à Azincourt en 1415. Fait de bois ou de corne, l'arc est adapté à son utilisation : pour le tir à l'abri du créneau d'une forteresse ou à partir d'un cheval au galop, dans l'épaisse jungle tropicale ou, au contraire, dans l'espace ouvert de la savane... Le premier arc est d'une seule pièce. L'arc à double courbure, fabriqué à partir de deux cornes d'antilope, apparaît en Asie.

Les flèches empoisonnées

Le curare, poison utilisé pour la chass par les Indiens d'Amazonie, est fait à partir d'extraits de lianes dont on râpe l'écorce. Après une longue préparation, on obtient un liquide épai et noirâtre, dont on enduit l'extrémit des flèches. Son nom est différent selon les tribus, mais le plus souvent c'est *ourari* (la mort qui tue tout bas) car c'est en effet une arme silencieuse un chasseur abat plusieurs proies sans effrayer les autres, et l'animal touché ne donne pas l'alerte. De plus, le gibie tué par le curare reste consommable.

Les flèches

Les pointes de flèches trouvées en Tunisie et fabriquées voilà 50 000 ans sont les plus anciennes preuves de leur existence. Les flèches varient beaucoup par leur taille, leur forme ou les matériaux utilisés. Elles ont un empennage long pour les stabiliser, ou en hélice pour gagner en précision. La pointe (en silex, en os, en bois ou en métal) est acérée pour trancher, pointue pour percer, en forme de harpon pour pêcher, ou encore enduite de poison.

L'arbalète

C'est une transition entre l'arc et les armes à feu. Inventée en Chine quatre siècles avant notre ère, elle est alors en bois avec un mécanisme de tir en bronze. Les "flèches à feu", qu'elle peut tirer jusqu'à 100 m, sont de simples tiges de bambou emplies de poudre. L'invention, reprise en Occident à partir du Xe siècle, sera largement diffusée jusqu'au XVIe siècle.

Le sabre
C'est d'abord une tringle de fer utilisée pour tailler (ou "sabrer") les peaux de mouton. Les Orientaux l'appellent cimeterre, variété dont la lame n'est tranchante que d'un seul côté. Le sabre japonais est le plus légendaire : vénéré dans les temples depuis son origine vers l'an 700, il est le symbole des samouraïs, ces guerriers au service d'un seigneur dans le Japon féodal. Pour ceux qui le forgent, l'aspect artistique compte autant que la qualité et la souplesse de la lame (courbe et à un seul tranchant).

L'épée
Cette invention espagnole du IIIᵉ siècle remplace la spathe des légionnaires romains, elle-même empruntée aux Gaulois et aux peuples du Nord. Ce sont les guerriers carolingiens qui, au Moyen Âge, ont l'idée de placer une barre de fer transversale à la jonction de la lame et de la poignée. Par la suite, on la complète d'un pommeau protecteur.

poignard
âge de pierre,
présente comme
triangle de silex effilé
oupant, puis il est
nétal comme ceux retrouvés
s des tombes égyptiennes.
omporte une lame droite
ssez large ①. Les modèles
me sinueuse ont la faveur
Orientaux : c'est le célèbre
s malais ②, de redoutable
utation.

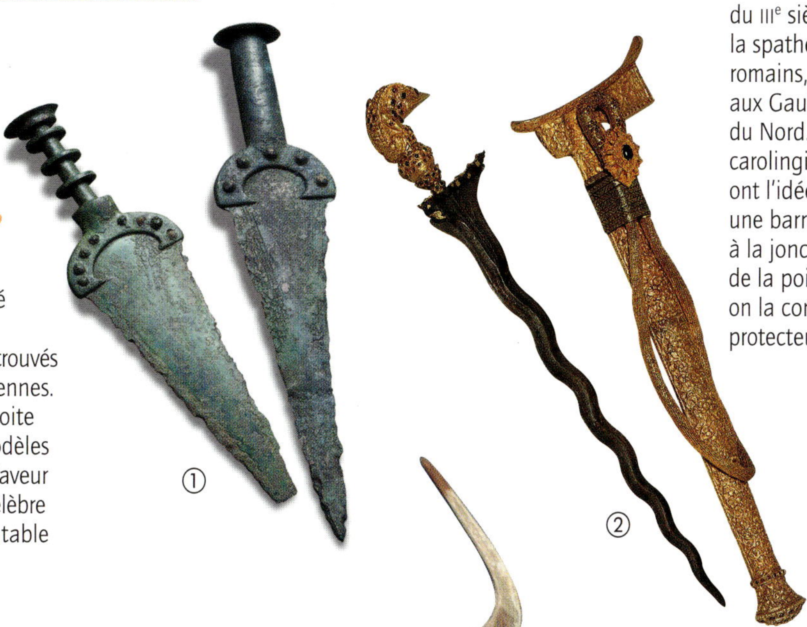
①
②

Le boomerang
Les premiers explorateurs de l'Australie sont étonnés par cette arme étrange, que les indigènes appellent dans leur dialecte le "bâton-qui-tue" ! Pourtant, les Égyptiens d'avant l'époque pharaonique chassent déjà les oies sauvages au boomerang dans les marais du Nil. Cette lame de bois courbée, d'environ 200 g, est taillée de façon à revenir à son point de départ suivant la façon dont on la lance. Le boomerang de chasse a une extrémité arrondie et l'autre pointue. Le boomerang de jeu (celui qui revient à son point de départ) est plus léger et a une courbure plus prononcée.

Et l'homme invente la poudre

Dans l'Antiquité, en Turquie, en Inde et en Chine, on sait déjà incendier l'ennemi grâce à des mélanges à base d'huiles et de résine : c'est le "feu grégeois" qui apparaît en Italie à partir de l'an 400. Mais le mélange qui a le plus d'avenir est celui qui permet d'obtenir la redoutable "poudre noire", à la base de toutes les armes à feu qui vont suivre.

Inventé en Asie, le "feu grégeois" apparaît en Italie dès le Ve siècle.

Du feu grégeois au TNT

Dès le Ier siècle, les Chinois jettent au feu des morceaux de bambou séchés pour les faire éclater. À la fin du XIIe siècle, toujours en Chine, apparaît la "roche à feu". Ce mélange de charbon de bois, de soufre et de salpêtre est inflammable ou explosif, selon les conditions d'utilisation. Il apparaît en Europe vers le XIIIe siècle et on cherche alors à le rendre encore plus performant. Le moine anglais Roger Bacon découvre, en 1248, la formule de la "poudre noire" qui servira longtemps.

Au milieu du XIXe siècle, un Suédois met au point un explosif plus puissant, à base de nitrocellulose : le "coton-poudre" (ou fulmicoton). Et un Italien trouve, en versant goutte à goutte dans de l'acide nitrique un corps gras tiré du pétrole, la célèbre nitroglycérine, un explosif sensible au moindre choc.

De la poudre à la dynamite

Vers 1860, les frères Nobel décident de dompter l'explosif. Mais, en 1863, leur atelier près de Stockholm saute et fait 5 victimes dont le frère cadet, Émile. Le survivant, Alfred, poursuit pourtant ses expériences. En 1866, après qu'un flacon de nitroglycérine a été fendillé, il découvre que le liquide est absorbé par le sable spécial qu'il utilise pour protéger les flacons contre des chocs. Ce mélange se révèle plus stable, donc plus facile à manier : il vient, sans le vouloir, d'inventer la dynamite ! Le succès est foudroyant et Nobel se trouve bientôt à la tête d'un empire industriel qui lui rapporte une fortune. À sa mort, il ne possède pas moins de 90 usines !

Des bombardes sont utilisées en août 1346 lors de la bataille de Crécy (dans la Somme) où Édouard III d'Angleterre a vaincu Philippe VI de Valois, mais il n'y a alors que trois pièces en action !

De la bombarde...

La poudre noire de Roger Bacon est d'abord tassée dans des tubes de fer, puis mise à feu pour éjecter des billes en métal. Ce "pot à feu" rudimentaire, en bronze, est lourd et difficilement transportable. Il faut plusieurs hommes pour le "servir", et il ne tire qu'un coup toutes les 5 minutes ! Devant l'impossibilité de fabriquer des culasses suffisamment solides, les premiers canons sont en bois cerclé de fer, comme des tonneaux, et chargés par la bouche. Désignés sous le nom de "bombardes" (engin qui fait du bruit), ils projettent des boulets de pierre à quelques centaines de mètres, et sont inutilisables après avoir tiré une dizaine de coups. Le moine allemand Bertold Schwarz les perfectionne en 1340, en coulant les premières pièces en bronze. Puis l'affût fixe est monté sur roues et peut alors tirer des boulets de 600 kg !

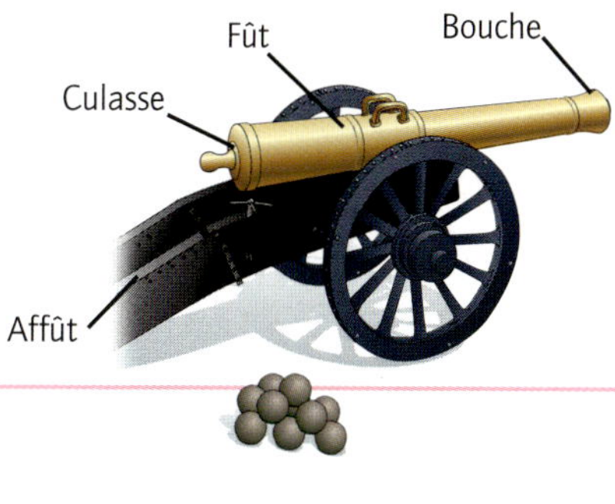

... au canon

En 1732, le général français Jean Florent de Vallières donne le nom de "canon" aux bouches à feu non portatives. Il normalise 5 calibres, la longueur du fût devant être 25 fois celle du calibre. Les célèbres canons conçus par le général Gribeauval font ensuite les campagnes de la Révolution et de l'Empire.

Puis l'acier remplace le bronze : les canons allemands de l'industriel Alfred Krupp, utilisés durant la guerre de 1870, se chargent par la culasse, d'où une plus grande cadence de tir. En 1897, des artilleurs dirigés par le général Sainte-Claire-Deville inventent le canon de 75 mm, le premier canon moderne. Mais le plus performant est la *Grosse Bertha*, un obusier allemand produit par les usines Krupp et utilisé en 1914. L'engin mesure plus de 30 m de long !

La *Grosse Bertha* envoie des obus qui grimpent jusqu'à 40 km d'altitude avant de retomber à 120 km de distance !

L'arquebuse ou "couleuvrine à main"

Utilisée au siège de Puy Guillaume en 1339, c'est la première arme à feu individuelle. Elle remplace le "bâton à feu" inventé quand la poudre fait son apparition en Europe. Ce simple tube en fer fixé sur un fût de bois tire des pierres ou des morceaux de fonte. Mais l'arquebuse n'est pas très efficace. Certaines sont si lourdes qu'il faut deux hommes pour les utiliser, et elles ne peuvent pas tirer plus d'un coup toutes les 4 minutes, avec une portée de 200 m.

Le pistolet

À l'origine, le mot désigne un poignard italien de Toscane ! Comme lui, cette première arme à feu portative se tient à la main. Les premiers pistolets sont très longs, donc encombrants. Au milieu du XIXe siècle, en séparant la chambre du canon (le logement des balles est placé dans la crosse), le Français Georges-Henri Delvigne réduit leur taille afin de les faire tenir dans une poche, puis l'Anglais Browning développe une arme automatique de petit calibre, devenue célèbre.

Le revolver et le colt

Le pistolet se transforme en "revolver", équipé d'un distributeur de balles pour tirer plusieurs coups sans recharger. Le modèle le plus efficace est mis au point par l'Américain Samuel Colt (en 1835) ; il permet de tirer jusqu'à 6 coups. Ce revolver est devenu tout simplement le "colt", rendu célèbre par les westerns. La carabine à répétition est également inventée par Samuel Colt pour aider les colons blancs à combattre les Indiens, alors supérieurs en nombre.

Le fusil

D'abord appelé "mousquet léger", il apparaît en Europe vers 1630. En France, son usage est imposé par le maréchal de France Vauban (1633-1707). À la même époque, on lui ajoute parfois une baïonnette. Cette arme pèse encore 5 kg et tire des billes en plomb avec une portée de 300 m, mais qui sont inoffensives au-delà de 50 m. Les fusils sont chargés par la bouche jusqu'en 1813, puis par la culasse. En 1866, l'armurier français Antoine Chassepot conçoit un fusil perfectionné qui porte à 1 700 m et que l'armée française adopte durant la guerre de 1870. Pendant la Seconde Guerre mondiale, la portée des fusils atteint 3 km.

La mitrailleuse
La première est utilisée lors de la guerre de Sécession américaine (1861-1865). Puis apparaissent la mitrailleuse automatique et le fusil-mitrailleur, appelé alors "mitrailleuse légère". Le pistolet-mitrailleur, communément nommé mitraillette, est une arme automatique légère qui utilise les munitions des pistolets et peut tirer plus de 400 coups par minute.

Le fusil à pompe
Très prisé par les malfaiteurs, il ne tire pas un projectile unique mais une gerbe de plombs ; il permet le tir "instinctif" en visant vaguement la cible. Il est inefficace à longue portée car les plombs se dispersent très vite.

Les grenades

Ces mini-bombes, inventées au XVIIe siècle, sont d'abord lancées par des spécialistes, les grenadiers. Après les guerres napoléoniennes, elles disparaissent jusqu'à la Première Guerre mondiale. Les grenades offensives ont une enveloppe mince et lisse, et agissent par effet de souffle. Les grenades défensives, plus lourdes, possèdent une enveloppe épaisse prédécoupée, qui se disperse en une multitude de petits morceaux particulièrement meurtriers. Ces deux types de grenades se lancent à la main. D'autres sont chargées en gaz plus ou moins toxiques (lacrymogène, par exemple) et tirées au moyen de fusils spéciaux, jusqu'à 400 m.

Les fusils modernes
Certains fusils modernes sont équipés de dispositifs de haute technologie qui augmentent leur efficacité. Par exemple, de lunettes infrarouges pour viser la nuit (les êtres vivants dégagent de la chaleur que cette lunette peut "voir", même si l'obscurité est totale), ou de systèmes de visée-laser permettant de calculer exactement la distance de la cible et de la marquer par un point rouge pour un tir très précis.

Chars et blindés

L'idée de se déplacer rapidement, en portant des coups à l'adversaire tout en restant à l'abri, ne date pas des guerres modernes mais remonte à l'Antiquité, avec l'utilisation de chars attelés emportant des guerriers armés de projectiles.

Des chars pour le combat

En 540 avant notre ère, lors d'une bataille entre Cyrus (roi des Perses) et Crésus (roi de Lydie), des chars attelés chargés de soldats armés d'arcs et de javelots sont utilisés pour la première fois. Les chars perses sont même, semble-t-il, hérissés de faux... Plus tard, Léonard de Vinci dessine dans ses carnets un chariot protégé par des cônes en bois, qui préfigure les futurs “tanks” des armées actuelles. Un roman futuriste de H.G. Wells, *The Land Ironclads*, au début du XXe siècle, évoque également l'idée d'un “cuirassé terrestre” capable de percer des défenses ennemies.

Campagne militaire des Assyriens contre le royaume d'Élam, vers 650 av. J.-C.

Du tracteur agricole au char de combat

L'inventeur du char d'assaut moderne est un officier britannique, le colonel Ernest Swinton.
En juin 1915, il imagine de fixer des chenilles sur un tracteur qu'il a vu lors d'une exposition agricole, et de l'équiper d'un canon et d'un blindage pour protéger ses occupants. C'est en septembre 1916, dans la Somme, que 49 chars d'assaut en forme de losange – baptisés *Mark-1* – sont pour la première fois engagés dans un combat.

Le “tank” n'est pas un réservoir...

Pour ne pas attirer l'attention des espions allemands, les Anglais ont inscrit *tank* (réservoir) sur les caisses qui renfermaient les chars en pièces détachées. Ce nom leur est finalement resté, et l'on désigne aujourd'hui ainsi tous les véhicules militaires blindés montés sur chenilles.

Voitures de guerre

Le char d'assaut n'est pas le premier des véhicules de combat. Dès l'apparition des véhicules à moteur, on a converti quelques modèles d'automobiles à des fins militaires. En 1902, en France, est ainsi fabriquée une automitrailleuse protégée par un blindage de 6 mm d'épaisseur et armée d'un canon de petit calibre. Pendant une quinzaine d'années, elle a été le seul véhicule de combat autopropulsé.

Char d'assaut français à chenilles, créé par Sainte-Claire Deville et Estienne, ici à Marly en 1916.

Les premiers chars français entrent en service 7 mois plus tard, sous l'impulsion d'un officier d'artillerie, le colonel Jean-Baptiste Estienne (1860-1936). Quelques années plus tard sont construits des chars amphibies, capables de franchir une rivière sous l'eau.

Des monstres voraces

Si les tout premiers chars d'assaut pèsent moins de 7 t et ne dépassent pas 6 km/h, les plus modernes sont en revanche des monstres de plus de 60 t, capables de pointes à 90 km/h.

La contrepartie est une effrayante consommation de carburant : jusqu'à 3 000 litres aux 100 km en terrain difficile ! Autrement dit, avec ce que consomme un char pour faire 1 km, une automobile moyenne peut rouler 400 km ! Le char actuel le plus puissant, l'*Abrams* américain, dispose d'un télémètre laser pour régler son tir, d'un système GPS pour se positionner au mètre près, et d'un blindage (12 cm d'épaisseur) à toute épreuve...

Char *Abrams* en opération dans le désert du Koweït en 2003.

Avions de guerre

Dès que les premiers avions commencent à voler, il devient évident qu'ils seront plus qu'un simple moyen de transport. Car, en prenant de l'altitude, c'est un vaste panorama qui se déroule sous les ailes… Bien vite, les militaires comprennent qu'en cas de conflit, la maîtrise du ciel est une des conditions de la maîtrise du terrain.

Les avions de chasse

Les premiers avions de guerre ne sont que de simples biplans équipés d'une mitraillette. Toute la difficulté est alors de tirer vers l'avant sans toucher les pales de l'hélice ! Les aviateurs anglais sont les premiers à piloter des avions de "chasse" qui, à l'époque, ne dépassent pas 200 km/h. Or, les performances d'un chasseur-intercepteur reposent en grande partie sur sa vitesse. Durant la Seconde Guerre mondiale, les *Messerschmidt* allemands approchent les 900 km/h pour le modèle "262", le premier avion à réaction de l'histoire (*ci-dessus*, le modèle "108"). Aujourd'hui, certains chasseurs américains et russes filent à plus de 3000 km/h.

Un bombardier pour l'espace

Le bombardier américain *B-52*, toujours en service, n'a pas largué que des bombes ou des missiles. De 1959 à 1968, un *B-52* a décollé deux cents fois pour transporter l'avion-fusée *X-15* à 13 000 m d'altitude, d'où il s'élançait ensuite vers l'espace (*voir p. 99*). Certains ont dépassé 100 km d'altitude, et leurs pilotes ont ainsi reçu le titre de cosmonautes. Parmi eux, un certain Neil Armstrong, alors pilote d'essai qui deviendra le premier piéton de la Lune !

Les bombardiers

Les premiers avions porteurs de bombes sont également anglais ; ils sont utilisés durant la Première Guerre mondiale. En 1942, les Américains construisent le *B-29*, resté célèbre parce que l'un d'eux a largué les bombes atomiques sur le Japon. Arrivent ensuite des successeurs toujours plus performants : le *B-52*, le *B-1B* et le *B-2* "invisible". Les Soviétiques, adversaires des États-Unis pendant la guerre froide, conçoivent le *Bison*, moins rapide mais néanmoins redoutable.

Les avions furtifs

L'avion invisible, que les militaires préfèrent appeler "avion furtif", utilise des formes particulières, sans aucune partie saillante, et des matériaux spéciaux renvoyant le moins possible les ondes radar. En réalité, un avion n'est jamais totalement indétectable, mais son écho radar est fortement diminué par rapport à sa surface réelle, de sorte qu'il peut être pris pour un oiseau ! Les seuls avions de ce type que l'on connaisse sont le chasseur *F-117 ci-dessous* (il a volé la première fois en juin 1981, après être resté secret pendant 9 ans) et le bombardier *B-2*, tous deux américains.

Avion sophistiqué !

Malgré ses lignes futuristes, le *F-15* (F pour *fighter* qui signifie chasseur) ou *Eagle* (aigle, en anglais) est utilisé depuis déjà 30 ans par les pilotes de l'armée de l'air américaine. Il peut voler à 2 600 km/h et grimper jusqu'à 30 000 m d'altitude.

Les drones

Il s'agit d'une sorte d'avion sans pilote, télécommandé et muni de caméras et de capteurs. Il évolue aussi bien en rase-mottes pour échapper aux radars, qu'à haute altitude (jusqu'à 20 000 m) pour échapper aux tirs d'armes légères. Il vole entre 100 et 600 km/h. Certains sont même dotés de missiles, comme de véritables avions de chasse.

Les sentinelles invisibles

V*ingt Mille Lieues sous les mers* est sans doute le plus connu des romans de Jules Verne. Dès 1870, l'auteur anticipe le développement des sous-marins, en s'inspirant manifestement de l'expérience réalisée par Robert Fulton. Soixante-dix ans auparavant, cet Américain a plongé dans la Seine un engin mû par la force musculaire – également baptisé *Nautilus* – en espérant intéresser Napoléon Ier à son invention… en vain !

15 tours de la Terre… sous l'eau !

Avec seulement 6 kg d'uranium comme source d'énergie, le *Nautilus*, premier sous-marin nucléaire américain, a parcouru 600 000 km en 10 ans. Pour le même trajet, un sous-marin classique aurait consommé 38 millions de litres de gazole ! Il est le premier à avoir fait surface au pôle Nord en 1958, dans une trouée de la banquise.

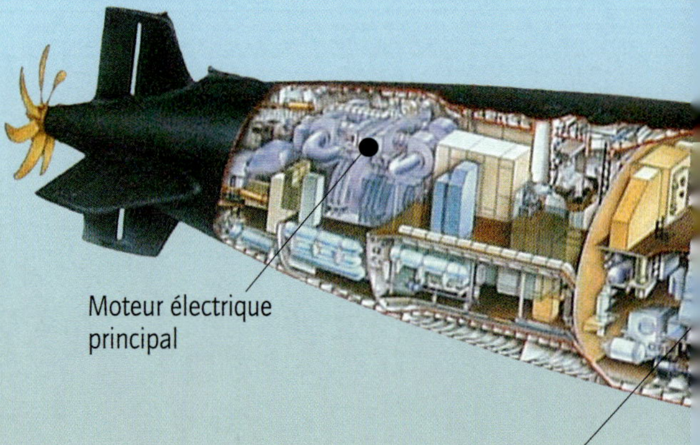

Un sous-marin n'est pas autre chose qu'une bulle d'air enfermée dans une coque capable de résister à de fortes pressions : pour gagner 100 m en profondeur, il faut augmenter l'épaisseur des parois de 1 cm ! Comme les bateaux, un sous-marin se dirige avec une hélice et un gouvernail ; la plongée est assurée grâce à des sortes de gros réservoirs appelés "ballasts", qui le font "couler" volontairement en se remplissant d'eau. Pour remonter, il suffit de chasser cette eau avec des pompes. La profondeur maximale atteinte est un secret militaire, mais on l'estime à 300 m, voire 700 m pour les plus performants. Tous les moteurs d'un sous-marin, de la propulsion aux ventilateurs, sont montés sur des amortisseurs en caoutchouc afin de réduire les bruits, la discrétion étant indispensable. Le kiosque, qui sert de pont lorsque le bâtiment est en surface, contient les périscopes (tubes optiques d'environ 10 m de long permettant de voir ce qui se trouve en surface), le "schnorchel" (tuyau de prise d'air équivalant

Qui en est l'inventeur ?

Difficile à dire… Peut-être l'Anglais William Bourne qui en décrit le principe en 1578. Ou le physicien hollandais Cornelius Van Drebbel, qui réalise, en 1624, un engin mû par douze rameurs enfermés dans une coque étanche qu'il plonge dans la Tamise.

En 1776, l'Américain David Bushnell construit un sous-marin en forme de tortue, propulsé par une hélice actionnée à la force des poignets (*photo ci-contre*). Les sous-marins font véritablement leur apparition au cours de la Première Guerre mondiale, mais ils ne sont encore que des "torpilleurs submersibles". Avant le début du XXe siècle et leur autonomie suffisante pour s'aventurer au large, ils n'agissent que dans les ports près de leur base, car ils ne peuvent naviguer surface que par beau temps !

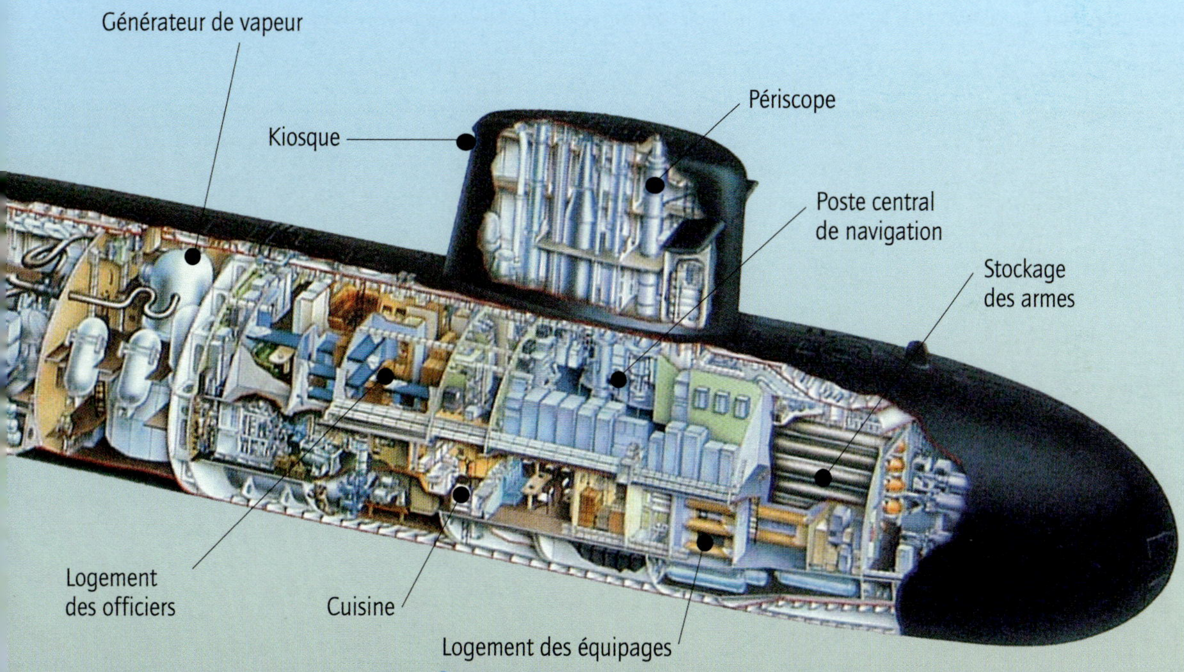

au tuba pour un plongeur), les antennes radar et radio, ainsi que des ailerons orientables. Les sous-marins classiques sont propulsés en surface par des moteurs Diesel, et en plongée par des moteurs électriques. Ils doivent remonter souvent pour faire provision d'air frais. Les engins nucléaires sont propulsés par un ou deux mini-réacteurs atomiques qui leur donnent une autonomie considérable. Ils peuvent faire le tour du monde en immersion totale (le rayon d'action est limité seulement par l'endurance des équipages), et tirer des missiles en plongée. Depuis 1960, le sous-marin nucléaire est devenu l'arme absolue. On distingue ceux d'attaque, rapides et équipés de torpilles, et les sous-marins lanceurs de missiles. Ces derniers – seules les grandes puissances en possèdent – sont des géants de 20000 t en plongée, qui emportent jusqu'à une centaine d'hommes.

Pour une destruction massive

L'arme atomique entre dans l'histoire en août 1945, quand deux bombes sont lâchées au-dessus des villes japonaises de Hiroshima et de Nagasaki.
Des milliers de bombes atomiques ont été fabriquées depuis, pour "perfectionner" cette arme chargée de créer un "équilibre de la terreur"…

La bombe nucléaire la plus puissante est une bombe H testée par l'URSS sur l'île de Nouvelle-Zemble (Arctique) en 1961 : sa puissance est 3 000 fois celle de Hiroshima, qui elle-même équivaut à 20 000 t du plus puissant explosif chimique connu.

La bombe nucléaire

Quand, en 1938, le physicien allemand Otto Hahn bombarde de l'uranium avec des neutrons, il constate que certains noyaux d'uranium se divisent en deux, ce qui laisse imaginer qu'une "réaction en chaîne" peut libérer en une fraction de seconde une fantastique quantité d'énergie. Trois ans plus tard, l'Américain Robert Oppenheimer découvre qu'une explosion atomique se déclenche si on rapproche brusquement quelques kilos de matière nucléaire (uranium ou plutonium). Mais il y a plus puissant encore ! Outre cette bombe A (pour atomique), les chercheurs militaires conçoivent une bombe H (pour hydrogène) qui utilise une réaction physique différente : la fusion des atomes au lieu de leur fission (*voir pp. 48-49*).
Et une bombe N (pour neutrons), considérée par certains stratèges comme l'arme absolue puisqu'elle tue sans détruire… On l'appelle aussi "arme à radiations renforcées" car, si elle n'a pas d'effet de souffle ou de chaleur (les constructions restent intactes), elle émet un rayonnement intense de neutrons qui détruit toute trace de vie…

Le "club" atomique

Après les États-Unis et l'URSS, le Royaume-Uni (1952), la France (1960), la Chine (1964), l'Inde (1974) et le Pakistan (1978) ont rejoint le "club" – heureusement très fermé – des puissances atomiques. Israël et l'Afrique du Sud disposent (ou ont disposé) aussi de l'arme atomique. Certains pays ont procédé à des essais. À ce jour, quelque 2 000 bombes nucléaires ont explosé à la surface de la Terre. Une bonne partie d'entre elles ont largué dans l'atmosphère des poussières radioactives en bien plus grande quantité au total que celles du nuage de Tchernobyl !

L'arme bactériologique

Dès l'Antiquité, des cadavres d'animaux sont jetés dans les sources d'eau potable de l'adversaire pour les contaminer, comme le font les Assyriens et les Perses aux VIe et IVe siècles av. J.-C. Bien avant que l'on connaisse l'existence des virus et des bactéries, les phénomènes infectieux sont donc utilisés à des fins meurtrières. La première attaque bactériologique – quoique involontaire – est l'épidémie de variole et de grippe qui, après l'arrivée des conquérants espagnols, décime les Indiens d'Amérique du Sud. Préméditée en revanche est l'action des Anglais contre les Indiens d'Amérique du Nord au XVIIIe siècle : ils déclenchent une épidémie de variole avec des couvertures contaminées.
Toutes les grandes puissances disposent – ou ont disposé – d'un stock d'armes biologiques et bactériologiques. Aujourd'hui, on redoute surtout leur utilisation par des terroristes.

Lors de la Première Guerre mondiale, du chlore, puis de l'ypérite (ou gaz moutarde) et du phosgène sont largement largués.

Les armes chimiques

C'est l'horreur absolue, mais elle ne date pas d'aujourd'hui. Le principe est le même que pour les armes bactériologiques, sauf que les microbes porteurs de maladies sont remplacés par des poisons largués dans l'air sous forme de vapeurs. À la fin de la guerre du Péloponnèse (425 av. J.-C.), un général athénien assiège une petite île de la mer ionienne en utilisant des fumées puantes pour contraindre les habitants à se rendre. Cet emploi se poursuit durant toute l'Antiquité, puis dérive vers l'utilisation de vapeurs toxiques à base d'arsenic. Les habitants de Belgrade repoussent l'assaillant turc en 1456, et les terribles “dragons” de Louis XIV délogent les protestants réfugiés dans les grottes du Languedoc à coup de fumées toxiques ! Des vapeurs de sulfure sont aussi lâchées lors de la guerre de Crimée en 1854. Mais la véritable naissance de l'arme chimique, par son emploi systématique sur une grande échelle, a lieu lors de la Première Guerre mondiale. Depuis, les gaz de combat ont été utilisés à une vingtaine de reprises, plus ou moins discrètement, généralement à l'occasion de petits conflits localisés.

Vers 600 av. J.-C., les archers scythes trempent la pointe de leurs flèches dans des cadavres en décomposition pour l'infecter, transmettant ainsi la gangrène et le tétanos aux ennemis touchés.

Gaz de combat

Il existe plusieurs catégories de gaz, selon la nature de leurs effets toxiques : irritants (gaz lacrymogène, poivre...), suffocants (qui agissent sur le système pulmonaire), vésicants (action sur la peau puis passage de substances toxiques dans le sang), incapacitants (drogues qui détruisent toute volonté) et neurotoxiques (dérivés d'insecticides qui entraînent une paralysie des muscles).

La grande famille des missiles

À la fin du Xe siècle, les Chinois tirent des “flèches à feu” contre les envahisseurs mongols. Ils appellent ces fusées *Ny-fung-yo*, ce qui signifie “la poudre qui va contre le vent”. Pour la première fois, une armée ennemie bat en retraite devant une pluie de flèches enflammées !

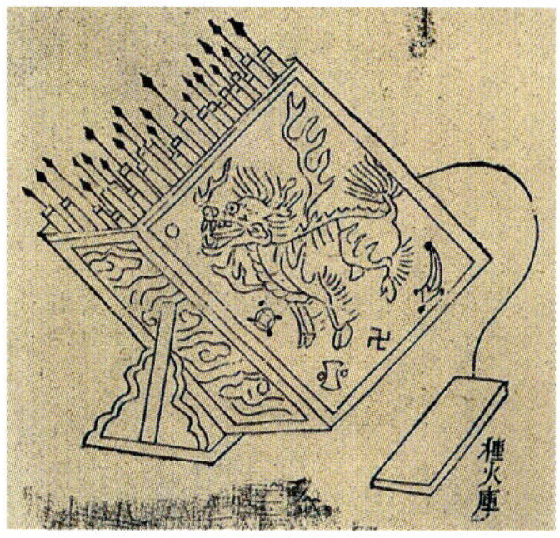

Des flèches à feu aux roquettes

Japonais, Coréens et Indiens auront également à subir ces premiers “missiles” chinois. Les Arabes les adoptent à leur tour contre les croisés, puis on retrouve des “flèches ardentes” utilisées par Jeanne d'Arc lors du siège d'Orléans (1429). Les premiers vrais missiles sont les fusées que Tippoe Sahib, un sultan indien, envoie contre l'occupant anglais à la fin du XVIIIe siècle. Il dispose d'un corps de 1 200 “fuséens” qui tirent des fusées de 6 kg portant à 600 m ! William Congreve, alors en poste aux Indes, s'en inspire : il fait fabriquer, dans un arsenal près de Londres, quelque 13 000 fusées de toutes tailles. Tirées de navires restés au large, elles portent leur charge incendiaire à plus de 4 km. Elles sont utilisées à l'occasion du siège de plusieurs ports, notamment en France contre Boulogne en 1806, puis l'année suivante sur Copenhague où elles détruisent 600 maisons et font 3 000 morts. Les Soviétiques s'inspirent de ces engins pour inventer les célèbres “orgues de Staline” de la Seconde Guerre mondiale (*ci-contre*).

Balistiques, stratégiques...

Toutes ces fusées ne dépassent cependant pas plus de 10 km ; elles sont propulsées par de la poudre et tirées un peu au hasard, sans que leur portée soit maîtrisée. C'est donc un bond considérable qui est enregistré avec la fusée *V-2*, mise au point à la fin de la Seconde Guerre mondiale par les Allemands. Cette arme de haute technologie utilise des carburants liquides et bénéficie d'un système de guidage. Près de 5 000 missiles *V-2* sont lancés en 1944 et 1945 sur l'Angleterre et la Belgique. Après la guerre, le *V-2*, copié par les Américains et par les Soviétiques, sert de modèle à tous les missiles actuels. Le premier engin intercontinental, d'une portée beaucoup plus grande, est tiré en 1957 par l'URSS. Il peut expédier une ogive atomique à 16 000 km ! C'est un missile “balistique”, en ce sens que sa trajectoire obéit aux lois de la gravitation (comme une pierre lancée en l'air décrit

une grande boucle avant de retomber), il suffit de lui donner une certaine vitesse pour porter à la distance voulue. Il est également “stratégique”, parce que les deux adversaires sont très éloignés l’un de l’autre. Des missiles identiques sont mis au point aux États-Unis ; mais, très vite, on abandonne ces fusées dont le remplissage, trop long, ne permet pas de réagir rapidement à une attaque.

Un missile de croisière peut aussi bien être tiré d’un avion que d’un sous-marin.

Depuis lors, tous les missiles utilisent de nouveau des carburants solides, donc stockables, mais plus performants que l’ancienne poudre noire.

... ou de croisière

Les missiles de croisière ne sont pas autre chose que de petits avions sans pilote, porteurs d’une charge explosive (qui peut aussi être une petite bombe nucléaire !). Le *V-1* allemand de la Seconde Guerre mondiale, mis au point en 1943, est leur ancêtre. Mais les premières armes de ce type, volant sur plusieurs milliers de kilomètres en rase-mottes et épousant les moindres accidents de relief, apparaissent dans l’armée américaine en 1982.
Elles peuvent être lancées d’un avion, d’un navire, et même d’un sous-marin en plongée.

Petits... mais tueurs

Des missiles de petite taille, dits “tactiques” parce qu’ils sont utilisés localement sur la zone de conflit, peuvent être tirés contre des cibles précises (chars, avions, navires). Il existe toute une gamme d’engins : sol-air, sol-sol ou air-sol, selon les besoins. Ils ne sont pas balistiques, car ils sont tirés directement, en ligne droite, comme la flèche tirée par un arc.

« My name is... »

Qui ne connaît pas les exploits de James Bond, le fameux "agent 007", sujet de sa majesté la reine d'Angleterre ? Cet espion hors norme est sans doute l'un des personnages de cinéma les plus célèbres. Pourtant, il donne une fausse idée du métier car, par définition, ces hommes et ces femmes de l'ombre agissent discrètement. Le quotidien des véritables espions à travers le monde est bien moins spectaculaire que celui des super-héros…

Les services secrets

Les agents des services "action" sont durement entraînés pour toutes sortes de missions, mais ils ne constituent pas la majorité des espions, que l'on appelle pudiquement des "agents de renseignement". Tous les grands États, en effet, disposent de services chargés de collecter dans les autres pays les informations qui leur sont nécessaires pour conduire leur politique. Les technologies de pointe font encore l'objet de bien des convoitises, mais les services de renseignements étrangers ne s'intéressent plus seulement aux secrets de la haute technologie. Les innovations industrielles dans les entreprises, les négociations commerciales dans diverses sociétés… sont des enjeux tout aussi importants : c'est ce que l'on appelle l'espionnage économique. Le "renseignement" peut donc être économique, politique, scientifique, technique et industriel. Inversement, pour rendre difficile la collecte de ces mêmes renseignements chez soi, par d'autres pays, les gouvernements possèdent un service de contre-espionnage ! Ces histoires d'espionnage, notamment dans les années 1950, lors de la guerre froide, ont suscité de nombreux romans et films, parfois écrits par d'anciens espions professionnels, comme John Le Carré.

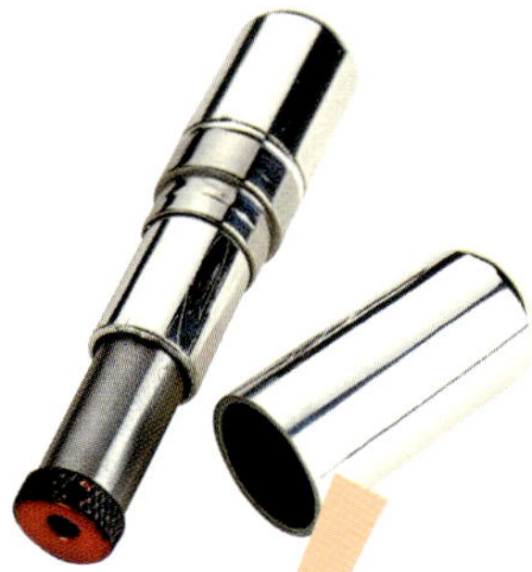

Ce rouge à lèvres, utilisé par le KGB (service d'espionnage soviétique) lors de la guerre froide, cache un pistolet à un coup.

Cette montre allemande est un appareil photo miniature !

Cigarettes et allumettes ? Eh non... il s'agit de microphones pour espion.

Encre invisible

Une méthode toute simple, que tout le monde peut utiliser, consiste à écrire avec de l'encre "sympathique", c'est-à-dire invisible. La plus simple est à base de jus de citron, et se révèle à la chaleur ! Le lait est également une excellente encre sympathique.

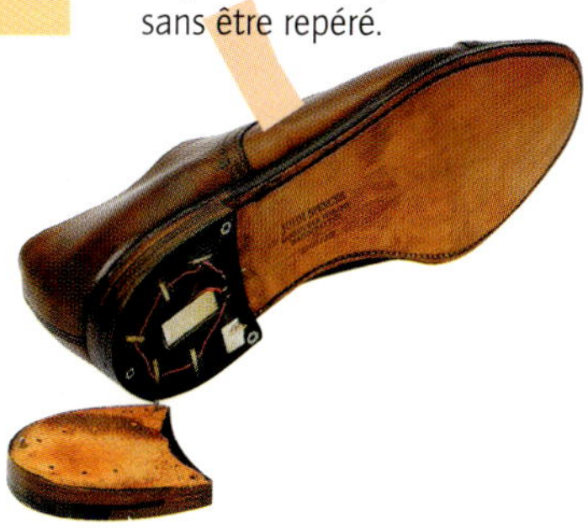

La chaussure-émetteur radio : une invention des services secrets soviétiques pendant la guerre froide pour écouter sans être repéré.

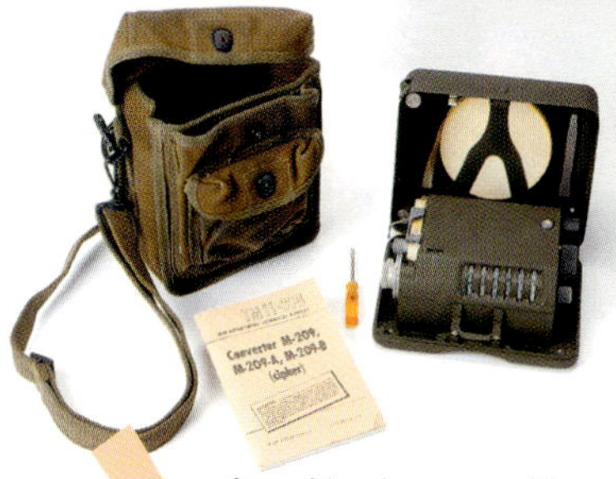

Encodeur-décodeur portable, utilisé par les États-Unis lors de la Seconde Guerre mondiale et de la guerre de Corée.

Coder et crypter

Pour protéger le contenu des messages importants, les agents transforment leur présentation : c'est la cryptographie. Le message codé ne peut être déchiffré que par son destinataire qui a la "clé" pour le décrypter. Mais l'adversaire cherche toujours à "casser" ces codes. Cette technique n'est pas récente puisque déjà dans l'Antiquité certains messages étaient codés. Ainsi, Jules César change des lettres de l'alphabet latin selon une règle simple, qui donne au texte l'apparence d'un méli-mélo. Beaucoup plus tard, et surtout durant la Seconde Guerre mondiale, le chiffrage des messages atteint un haut niveau. Aujourd'hui, la puissance de calcul des ordinateurs est telle, que la cryptographie peut être utilisée par des personnes privées ou des entreprises pour protéger leurs secrets de fabrication, domaine jusque-là réservé aux services secrets officiels. Il existe aussi la stéganographie, qui consiste à écrire un message sans importance, en insérant entre les lignes les mots du message secret.

De minuscules gadgets

La technologie met aujourd'hui à la disposition des espions une foule de "gadgets" très performants pour enregistrer ou filmer discrètement, ou pour transporter des documents sous forme réduite. Les microfilms d'autrefois ont cédé la place à des enregistrements numériques, expédiés cryptés par Internet. Quant aux micros et aux caméras, ils sont désormais si petits qu'ils peuvent être glissés dans les endroits les plus inattendus (un bouton, une fleur, un objet décoratif…) et sont quasiment indétectables.

Lors de la Seconde Guerre mondiale, les agents anglais des opérations spéciales dissimulent des bombes à retardement dans des bouteilles de chianti (un vin italien) !

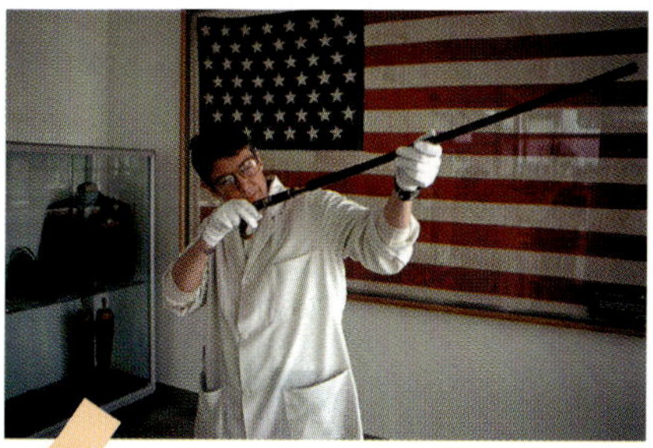

Mise au point par la CIA (services secrets américains), cette canne se transforme en fusil.

Meuniers espions !

À l'époque du télégraphe optique (*voir p. 174*), après la Révolution française, même les meuniers sont soupçonnés d'espionnage ! Leurs moulins à vent, placés sur une hauteur, sont en effet visibles de loin et peuvent donc communiquer la situation des armées ennemies grâce à la position de leurs ailes, tendues de voiles rouges.

Pour démasquer les criminels

« Élémentaire, mon cher Watson ! » Tout le monde connaît cette réplique favorite de Sherlock Holmes, le génial détective anglais. Depuis longtemps, les policiers chargés des enquêtes criminelles font appel à la médecine. Dans un traité chinois de 1248, on apprend ainsi à faire la différence, sur un cadavre, entre strangulation et noyade…

Dans l'ombre des policiers travaillent de nombreux spécialistes (biochimistes, informaticiens, physiciens…), qui utilisent toutes les possibilités de la science et de la technologie pour confondre les criminels. Les équipes de police "scientifique" relèvent sur les lieux d'un crime des traces infimes et prélèvent de nombreux échantillons. Tous ces éléments, parfois insignifiants, sont précieux car leur analyse permettra peut-être de donner des précisions sur les circonstances du délit, ou même d'identifier les coupables.

Les empreintes laissées sur un objet sont relevées grâce à des poudres spéciales. Grossies au microscope, elles font apparaître le dessin des crêtes de peau (dermatoglyphes) qui se trouvent au bout de nos doigts. Un ordinateur compare ensuite cette empreinte avec celles du fichier central.

Un expert de la police scientifique relève des échantillons d'os dans les cendres d'une voiture incendiée.

Empreintes digitales

C'est en remarquant des marques de doigts sur une poterie préhistorique que le docteur Henry Faulds, chirurgien dans un hôpital de Tokyo, a l'idée en 1870 d'utiliser les relevés d'empreintes digitales pour identifier les personnes. À l'origine, les savants s'en servent pour classer les différents types de populations humaines. C'est surtout la police qui va mettre à profit cette découverte, en créant des fichiers d'empreintes, d'abord en Argentine en 1892. La "dactyloscopie" reste encore aujourd'hui le moyen le plus simple et le plus utilisé par toutes les polices du monde, car nos empreintes digitales, formées avant même notre naissance, sont uniques chez chacun d'entre nous et gardent les mêmes caractéristiques pendant toute notre vie. Aujourd'hui, les empreintes sont traitées par ordinateur, afin de pouvoir être comparées entre elles rapidement. Le fichier du FBI américain renferme les empreintes de 33 millions de criminels.

Merci les mouches !

Déjà au Moyen Âge, on sait résoudre une affaire criminelle avec l'aide d'insectes, depuis qu'un assassin a été trahi par les mouches attirées par sa faucille ensanglantée : l'arme du crime ! Aujourd'hui, des entomologistes (les spécialistes des insectes) arrivent à dater le décès d'une victime en étudiant les larves et les insectes sur sa dépouille. Le médecin légiste ne calcule avec précision l'heure du crime que si celui-ci a été commis dans les 36 heures précédentes.

Un autre moyen d'investigation est la balistique. Ici, les policiers cherchent une balle. Comme chaque arme laisse sur le projectile tiré des empreintes qui lui sont propres, on peut retrouver l'arme du crime en analysant ces traces au microscope !

Tous fichés

En France, Alphonse Bertillon utilise le premier les empreintes digitales pour ficher des criminels et identifier les récidivistes. D'abord simple auxiliaire de bureau à la préfecture de police de Paris, il crée en 1893 le service de l'Identité judiciaire où il invente l'anthropométrie, une technique consistant à mesurer les prévenus et à prendre leur portrait de face et de profil. Alphonse Bertillon a également fait progresser les techniques d'investigation policière en exigeant le relevé immédiat des indices sur le lieu du délit.

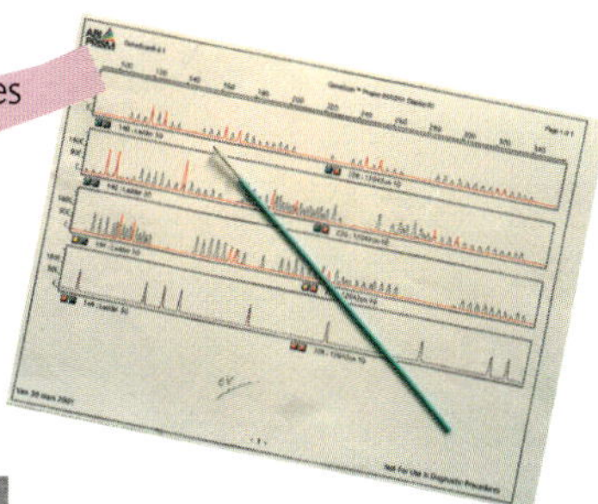

Empreintes génétiques : les scientifiques estiment que la probabilité que deux personnes présentent le même profil génétique est de 1 sur 5 milliards !

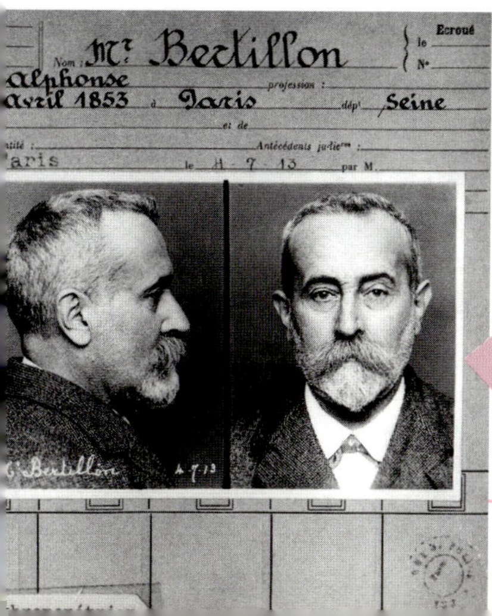

Fiche anthropométrique d'Alphonse Bertillon, le père de l'Identité judiciaire.

Prélever et analyser

Le pionnier de la médecine légale en Europe est un médecin et chimiste français qui, au début du XIXe siècle, met au point le premier test d'identification sanguine.
Les cheveux et les poils sont aussi des indices intéressants, car leur examen au microscope apporte parfois des informations sur les circonstances d'un crime.
Il existe aujourd'hui bien d'autres méthodes pour identifier et pour authentifier une personne, et notamment celle des empreintes génétiques, proposée par un biologiste britannique en 1985. L'information microscopique contenue dans les gènes d'un individu est elle aussi unique. En identifiant des séquences d'ADN et en les comparant à celles laissées sur les lieux d'un crime par son auteur, il est possible de disculper ou de confondre un suspect avec certitude.

Signature en Orient

À Babylone, il y a 5 000 ans, l'empreinte du pouce dans une tablette d'argile tenait lieu de signature dans des transactions commerciales. La Chine antique a également adopté, plus tard, cette technique des empreintes digitales.

Plus de confort et de sécurité

Depuis qu'il s'est installé dans des grottes naturelles protectrices, il y a environ 30 000 ans, l'homme cherche sans cesse à améliorer son confort et sa sécurité.
Le bien-être matériel est devenu une priorité.
Il s'agit avant tout de s'abriter des intempéries et de combattre les excès du froid ou de la chaleur. Puis, de disposer d'outils pour réaliser les tâches quotidiennes avec un moindre effort. Aujourd'hui, sans nous en rendre compte, nous sommes entourés d'une multitude de petits robots qui travaillent à notre place...

De la hutte aux gratte-ciel

C'est dans des grottes naturelles, creusées dans la montagne ou les falaises, que l'homme préhistorique a trouvé ses premiers abris. C'est là qu'il a laissé, voilà 15 000 à 40 000 ans, de magnifiques peintures et sculptures sur roche en de nombreux endroits du monde…

Des premières huttes…

Il y a 10 000 ans apparaissent dans le "croissant fertile", entre le Tigre et l'Euphrate, les premières huttes faites de roseaux, de branchages ou de paille mélangés à de la terre pour obtenir un "torchis". Ces abris sont davantage destinés à entreposer du grain qu'à loger des familles. Les véritables cités d'habitations apparaissent plus tard, vers 6 000 avant notre ère. Très vite, il semble plus simple de construire des murs en empilant les uns sur les autres des éléments solides de même dimension, collés avec de la chaux ou du bitume. Cet élément est la brique pleine, faite d'argile ou de boue sableuse, moulée et séchée au soleil. Les premières briques sont cuites il y a plus de 6 000 ans en Assyrie, puis en Égypte, mais le plus ancien témoignage d'une construction de briques est un mur élevé à Babylone en 1600 av. J.-C.

La ville de Pompéi possède à elle seule trois grands établissements de bains publics (appelés thermes) où la population vient se prélasser.

… aux constructions grandioses

On utilise ensuite la pierre, taillée dans du calcaire, du marbre ou du granite, le principe étant toujours d'assembler des blocs de taille identique en les liant par un mortier. Les bâtiments deviennent de plus en plus impressionnants, comme les pyramides égyptiennes ou les palais monumentaux à Cnossos (Crète).
Les Romains sont également de grands architectes. Ils reprennent des techniques de l'architecture grecque en y ajoutant quelques

Façade en briques du temple dédié à la déesse Inanna à Uruk (aujourd'hui Warka en Irak).

nouveautés comme les coupoles. Ils réalisent une incroyable quantité de fortifications, d'amphithéâtres, d'arènes, de ports, de thermes publics… Les Grecs utilisent comme liant de la chaux obtenue par cuisson du calcaire.
Au Ier siècle avant notre ère, les Romains améliorent le procédé en y incorporant des cendres volcaniques ou de la brique pilée. Ce "ciment romain" est utilisé pour le célèbre pont du Gard, en France. Le ciment actuel est réinventé au XVIIIe siècle par un ingénieur anglais, en calcinant des galets argileux.

Le premier architecte dont on connaisse le nom – l'Égyptien Imhotep – dessine 2 680 ans avant notre ère, pour le pharaon Djoser, la plus ancienne construction de pierre : la pyramide à degrés de Saqqarah.

Peintures sur limon de la tombe du pharaon Metchetchi à Saqqarah, vers 2400 av. J.-C.

Décorer son intérieur

Les premières peintures utilisées par les hommes préhistoriques pour dessiner dans les grottes sont des substances qui ne donnent que les couleurs noire (charbon de bois) et ocre (terre riche en alumine). Les Égyptiens de l'Antiquité découvrent ensuite de nouveaux pigments : la craie et le gypse pour le blanc, le bitume et la suie pour le noir, le minerai de cuivre pour le bleu… Les peintures sont d'abord obtenues en délayant ces pigments dans de l'eau additionnée d'un produit adhésif, comme la gélatine ou la gomme arabique, et plus tard l'huile de ricin. Les peintures modernes, cellulosiques et glycérophtaliques, sont apparues entre 1920 et 1950.

Première cité

Les archéologues pensent que la première ville est probablement la cité d'Ur, située dans l'Irak actuel, apparue vers 6000 avant notre ère. Les historiens estiment que, vers le IIIe millénaire, Ur est déjà peuplée de plus de 50 000 habitants !

La magie du verre

On fabrique déjà du verre en Mésopotamie il y a 4 500 ans mais, jusqu'aux premiers siècles de notre ère, les objets en verre sont rares, donc précieux, et font l'objet d'un commerce important dans tout le Moyen-Orient. Puis, les procédés de fabrication arrivent en Europe grâce aux verriers syriens et carthaginois qui s'installent en Italie et font de Venise la capitale du verre. L'histoire du verre se divise en deux grandes périodes : celle du verre moulé, qui subsiste jusqu'au début de l'empire romain ; et celle du verre soufflé, mise au point en Syrie à partir du Ier siècle av. J.-C., qui permet de fabriquer un verre moins cher. Les verres creux (fioles, flacons, bouteilles) sont plus récents ; ils sont d'abord fabriqués à Byzance et à Venise à partir de l'an 1000. Quant au verre plan, celui des vitres, il apparaît en Normandie vers 1320.

Lampe syrienne en verre soufflé du Ier siècle.

Cruche en verre soufflé du IIIe siècle.

Petit barillet en verre moulé fabriqué en Syrie ou en Palestine au Ier millénaire avant notre ère.

La fabrication des miroirs devient une spécialité française, avec la création par Colbert (1619-1683) de la Compagnie des Glaces. Sur fond d'espionnage et de débauche d'ouvriers italiens, elle met fin au monopole de Venise. Enfin, grâce à la méthode du verre "coulé sur table", inventée en 1688 par Bernard Perrot, on peut produire des panneaux de grandes dimensions.

Cristal et verre de Venise

À la fin du XVe siècle, des verriers cherchent à remplacer le cristal de roche (ou quartz), qui est transparent et très dur mais très cher. Ainsi naît le cristal, qui renferme une assez grande proportion de plomb d'où il tire son éclat particulier. Cette technique se développe surtout en Bohême, puis en Lorraine vers 1780. Le verre vénitien est plus transparent, plus pur et d'une plus grande finesse que tous les autres. Pourtant, avant de connaître son heure de gloire à Venise, il est travaillé en Turquie, et ce sont les maîtres verriers turcs qui apportent leur savoir-faire en Italie. Ces artisans, en raison des risques d'incendie de leurs forges, s'installent sur l'île de Murano en 1271. Cet isolement leur permet de préserver leurs secrets de fabrication. Secrets si précieux que les verriers n'ont pas le droit de s'expatrier sous peine de mort ! En contrepartie, on leur accorde d'importants privilèges.

Le mobilier urbain

L'aménagement de l'espace public n'est pas une invention moderne puisque au XIXe siècle déjà, avec le percement des grandes avenues, sont apparus quelques éléments de mobilier urbain : des réverbères à gaz pour dissiper la nuit et assurer la sécurité des citadins, des colonnes Morris pour présenter les spectacles, des kiosques à musique pour bénéficier de concerts de plein air, ou des vespasiennes pour améliorer l'hygiène de chacun…

Quelle couleur ?

La couleur naturelle du verre est verdâtre, du fait de la présence d'oxydes métalliques dans le sable qui sert à sa fabrication. L'ajout de différents autres oxydes permet d'obtenir des coloris variés. Ainsi, on a retrouvé en Égypte de très anciennes perles de verre teintées en vert par le fer, ou en bleu par le cuivre. Le verre incolore apparaît au Ier siècle : on l'obtient en ajoutant du manganèse.

Au XXe siècle, s'installent dans nos rues des abris publics, des cabines téléphoniques, des panneaux publicitaires… et, avec l'explosion de la circulation automobile, des feux tricolores, des panneaux de signalisation, des parcmètres et des horodateurs…

Le temps des gratte-ciel

C'est la crainte du feu qui est à l'origine des gratte-ciel : après le gigantesque incendie d'octobre 1871 qui a détruit les deux tiers de Chicago, un architecte décide de construire des immeubles constitués d'une ossature portante en acier sur laquelle on peut plaquer des "murs rideau". Ces panneaux de béton sont bien moins combustibles que le bois. Le premier "gratte-ciel" n'a que 9 étages mais très vite, avec cette nouvelle technique, les architectes vont rivaliser d'audace. À New York, en 1931, l'Empire State building avec ses 381 m de haut prend le titre de plus haut immeuble du monde, avant d'être dépassé en 1972 par les Twin Towers (417 m et 415 m), les célèbres tours jumelles détruites en 2001 par un attentat terroriste. Ce sont des métropoles asiatiques qui aujourd'hui détiennent les records de hauteur : les tours jumelles Petronas de Kuala Lumpur en Malaisie (452 m) et la tour Taipeh 101 (508 m) à Taiwan.

À la fin du XVIIe siècle, deux foyers parisiens sur trois ont un miroir accroché au mur comme un tableau, ou incorporé aux boiseries. Ici, le miroir dit de Marie de Médicis fabriqué vers 1630.

En 2007, la tour Taipeh 101 (Taiwan) sera détrônée par un gratte-ciel chinois, à Shanghai.

Métallurgie et alliages

La métallurgie est inventée au moment où apparaissent les premières cités, à la fin du VIe millénaire. L'or et le cuivre sont les premiers métaux utilisés par l'homme, voilà 10 000 ans. Les premiers gisements aurifères sont exploités par les Égyptiens en Nubie et en Arabie. Assyriens et Chaldéens extraient également de l'argent, du plomb et du mercure.

L'âge du cuivre
Par quel concours de circonstance un petit morceau de cuivre a-t-il un jour attiré l'attention d'un humain ? Nul ne le sait, mais il est certain que c'est le tout premier métal à avoir été exploité, parce qu'il est facile à fondre (à 800 °C, dans un foyer de potier) et à travailler. On le martèle déjà au Ve millénaire avant notre ère chez les Sumériens et en Égypte. Mais ce métal, trop mou, convient mal pour la fabrication d'objets résistants. Ici, un brasero en cuivre (2100 av. J.-C.), deux statuettes égyptiennes (vers 1800 av. J.-C.) et des fils électriques d'aujourd'hui.

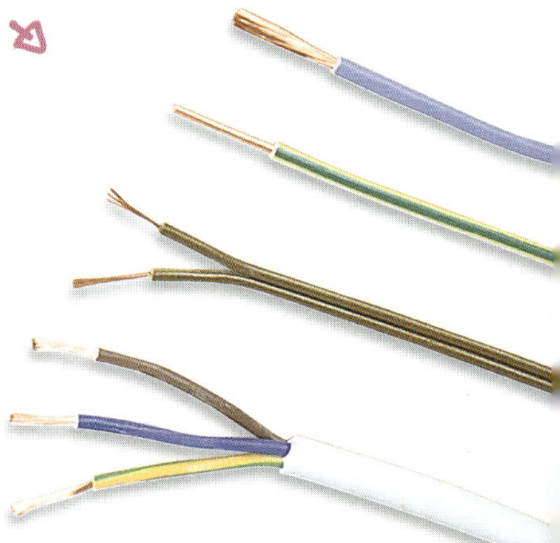

La forme ?

Certains alliages métalliques (le titane et le nickel, par exemple) permettent d'obtenir des métaux qui gardent leur première forme en mémoire et la reprennent quand on les soumet à un choc électrique ou à la chaleur. Ces alliages spéciaux permettent de fabriquer des objets à géométrie variable. En 1960, un ingénieur américain, William Buehler, met au point le premier de ces matériaux à "mémoire de forme", baptisé "nitinol". Il trouve des applications en aéronautique, en médecine, en électroménager...

L'âge du bronze

C'est pourquoi la découverte du bronze – un matériau obtenu par fusion d'une grande quantité de cuivre mélangée à un peu d'étain – est une véritable révolution. C'est vers 3750 avant notre ère, en Méditerranée orientale, qu'est coulé ce premier alliage. Moulé, le bronze permet de fabriquer des objets agricoles (ici, une faux façonnée vers 1250 av. J.-C.) et des armes. Les premiers fours métallurgiques sont construits par les Étrusques au VIIe siècle avant notre ère. À partir de ce moment-là, l'homme façonne des outils et des armes plus rigides, donc plus efficaces. L'étain, minerai naturel, se trouve alors uniquement dans les îles Cassitérides, en Cornouailles (sud-ouest de l'Angleterre), où les Carthaginois vont le chercher. Utilisé seul, il sert surtout à fabriquer de la vaisselle, comme cette aiguière du XVIe siècle. Quant au cuivre, le grand centre de production est l'île de Chypre, qui tient justement son nom de ce métal. Les sculpteurs affectionnent cet alliage : Constantin Brancusi crée vers 1913 sa célèbre *Danaïde* (*en haut, à droite*) en bronze et en or.

L'âge du fer

Le fer commence à être travaillé à la fin du IIe millénaire en Asie Mineure. Mais la métallurgie de ce minerai exige un feu plus puissant que ceux utilisés pour la cuisson des aliments ou pour traiter le minerai de cuivre, et nécessite donc des quantités énormes de bois. Il faut attendre le charbon pour que la métallurgie du fer se développe vraiment. Aux XIIIe et XIVe siècles, l'invention des soufflets de forge et des hauts-fourneaux en Flandre permet de produire en grande quantité, à partir du fer, deux matériaux encore plus résistants : la fonte et l'acier. Dès le XIIe siècle, on note un grand engouement pour le fer : les outils agricoles et les armes sont en fer, tout comme les grilles des châteaux et les canons. Même la construction utilisera le fer en remplacement du bois et de la pierre : premier pont en fer d'une portée de 30 m érigé en 1779 (Angleterre) ; premier bateau en fer, le *Great Eastern* (*ci-dessous*), en 1883 (États-Unis) ; premier grand monument métallique, la tour Eiffel, en 1889 (France).

La fée électricité

Aujourd'hui, la moindre coupure d'électricité est un drame ! Nos ancêtres vivaient pourtant très bien sans elle et, dans certaines régions du monde, c'est encore le cas. Partenaire de notre vie moderne, l'électricité, en nous apportant le confort, a transformé notre vie quotidienne. C'est lorsqu'elle vient à manquer que l'on réalise à quel point elle nous rend service…

Une cuisine moderne... en 1900. Comme dans bien d'autres domaines, l'électricité a révolutionné les arts ménagers.

L'électricité se généralise dans les foyers dans les années d'après-guerre. Aujourd'hui, sans électricité, rien ne fonctionne... Adieu lumière, télévision, chaîne hi-fi, machine à laver... Sans parler des nombreux moteurs électriques qui, à la maison comme dans les usines, ne tourneraient plus. Une belle pagaille ! Cette électricité est produite à partir de sources d'énergie renouvelables comme l'eau ou le vent (*voir pp. 40-41*), mais plus généralement à partir d'une source de chaleur fournie par la désintégration de l'uranium (*voir pp. 48-49*) ou la combustion de charbon, de pétrole, ou de gaz naturel. Dans tous les cas, la source d'énergie fait tourner un alternateur qui génère de l'électricité. Celle-ci est transportée par des lignes de fils métalliques qui sillonnent le pays en tous sens, comme une toile d'araignée, avant d'arriver dans chaque maison. Là, un petit réseau de fils invisibles conduit ce "courant électrique" jusqu'aux prises murales, dans lesquelles il suffit de brancher n'importe quel appareil fonctionnant à l'électricité, une cafetière ou un téléviseur.

Imaginez maintenant un logement dans lequel les volets s'ouvrent et se ferment tout seuls en fonction de l'heure, où le petit déjeuner se prépare juste avant votre réveil, où les lumières s'allument quand vous entrez dans une pièce, où le réfrigérateur gère tout seul son stock de nourriture et affiche la liste des choses à acheter. Sans parler du chauffage et de la climatisation qui se déclenchent à distance, ou du poisson rouge qui reçoit sa dose quotidienne de nourriture en votre absence. Apparu aux États-Unis et au Japon vers 1985, ce concept de maison "intelligente" est celui de la "domotique" et regroupe les techniques faisant appel à l'électronique, à l'informatique et aux automatismes. Le but est de nous soulager des tâches quotidiennes, d'assurer plus de sécurité et de faciliter la communication avec le monde extérieur. De nombreux systèmes existent déjà, mais ils sont encore séparés les uns des autres. La domotique, qui va se généraliser dans les années à venir, est la centralisation de tous ces automatismes par un ordinateur.

Les matériaux synthétiques

Pendant longtemps les matériaux de base – pierre, fer ou verre – sont extraits du sol, directement ou indirectement. Puis apparaissent les premières matières “plastiques”, elles-mêmes naturelles comme le cuir issu du tannage de peaux de ruminants ou le caoutchouc dérivé du latex, une sève végétale. Les matières plastiques modernes, tirées du pétrole, naissent au début du XXe siècle et se répartissent en deux catégories, les thermoplastiques et les thermodurcissables, selon qu’elles ramollissent ou durcissent à la chaleur.

Le Celluloïd
Les éléphants doivent beaucoup à John Hyatt, imprimeur d’une petite ville de l’État de New York. Dans la seconde moitié du XIXe siècle (1851 ou 1863), il découvre un substitut à l’ivoire, fabriqué à partir de nitrate de cellulose et de camphre. C’est le Celluloïd, première matière plastique artificielle, qui se colore et se travaille facilement. On en fait des boules de billard, des balles de ping-pong, des jouets, etc.

L’ébonite
Ce composé, à mi-chemin entre les matières plastiques proprement dites et le caoutchouc naturel, est inventé au siècle dernier en soumettant le caoutchouc à une vulcanisation prolongée pour en retirer le soufre. L’ébonite a d’abord été utilisée pour les postes téléphoniques, puis pour les prothèses dentaires.

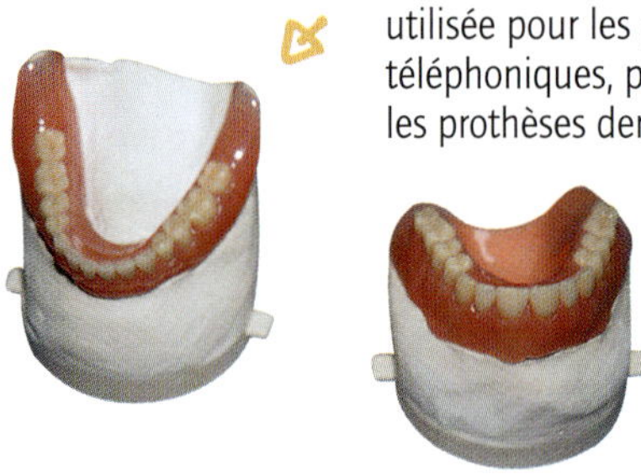

Le polystyrène
Il est très utilisé en raison de sa possibilité d’être travaillé à la fois par injection, extrusion et soufflage. On l’emploie principalement dans l’emballage, mais aussi dans l’industrie du jouet et l’électroménager, et pour l’intérieur des casques de VTT.

Le polycarbonate

Il est d'une grande dureté superficielle et résiste bien aux agents atmosphériques. Cette matière plastique très résistante est utilisée pour fabriquer des vitres de fenêtres, des guichets de sécurité pour les banques, des boucliers de protection pour les forces de l'ordre. Les astronautes, sur la Lune, ont porté des casques en polycarbonate.

Le PVC

Le PVC (de "polychlorure de vinyle" en anglais) est la matière plastique la plus répandue. Avec ce matériau, on fait notamment des tuyaux de canalisations, mais aussi des récipients alimentaires.

Le polyester

Cette résine synthétique est utilisée dans le bâtiment pour les portes et les fenêtres, les vitrages et les panneaux décoratifs. Plus de 90 % des coques de bateaux de plaisance et des caravanes sont faites de résines polyester renforcées.

Le polyéthylène

Ce plastique possède de nombreuses qualités : faible coût, usinage facile, transparence. Il est aussi un excellent isolant électrique. Ses utilisations : bouteilles de boissons et films d'emballage alimentaire, mais aussi articles ménagers et feuilles de plastique souple pour serres agricoles.

Les matériaux composites

En associant des fibres de verre ou de carbone tissées, puis noyées dans une résine durcissable, on obtient un matériau artificiel de haute technologie, aussi résistant que les meilleurs métaux, mais beaucoup plus léger.
Ces matériaux composites, sur mesure, existent depuis les années 1950 et atteignent aujourd'hui des performances remarquables. Ils sont utilisés pour construire des carrosseries d'automobiles, des carénages de bateaux ou des parties d'avions, mais aussi le revêtement de certains missiles et engins spatiaux en raison de leur grande résistance à la chaleur. L'un d'eux, le Kevlar, entre dans la confection des gilets pare-balles.

Tous à l'abri !

Pour vivre heureux, il ne suffit pas de construire son *Home sweet home* ! Encore faut-il se prémunir contre toutes sortes d'agresseurs : feu, soleil, pluie, foudre… et cambrioleurs !

Le soleil doit être plus gênant que la pluie puisque le parasol a été inventé avant le parapluie !

Non aux intempéries

Déjà sur des estampes chinoises d'avant l'ère chrétienne ou, à Thèbes, sur des fresques égyptiennes, on voit de grandes ombrelles. C'est en Europe que ce parasol des pays chauds, en paille et en forme de cloche, se transforme en parapluie, quand les navigateurs portugais du XVIe siècle le rapportent de leurs voyages aux Indes. Il ne devient cependant populaire qu'un siècle plus tard, d'abord en France où il connaît le succès. À Londres, en 1750, le porteur du premier parapluie est pris pour un fou... Les modèles d'origine, dotés d'un manche en bois, sont en cuir et pèsent près de 2 kg ! Ils s'allègent lorsque le cuir est remplacé par de la toile cirée ou du taffetas coloré.

Fais-moi de l'électricité !

Au milieu du XVIIIe siècle, on fait des démonstrations sur le phénomène électrique dans les cafés. Tout le monde veut recevoir son "choc électrique"... Des charlatans ambulants vont de foire en foire en échangeant des chocs électriques contre des poulets !

Le parapluie a tellement de valeur que, longtemps, il se transmet de génération en génération !

Contre la foudre

Quel inconscient ce Benjamin Franklin qui, un jour de l'été 1752, lâche sous un nuage d'orage un cerf-volant attaché par un fil métallique ! Mais quel progrès pour la science car, en ressentant un choc électrique, il comprend que ces nuages sont chargés d'électricité, et qu'il est possible de canaliser vers la terre le "fluide électrique" pour empêcher la foudre de frapper. Le paratonnerre est né ! Évidemment, il compte de nombreux adversaires. Un gentilhomme de Saint-Omer, bravant l'opinion publique, en installe un sur sa maison. Mais cette sorte d'épée dressée vers le ciel est un sacrilège pour les voisins, et le maire ordonne sa destruction. Il faut dire que, depuis 1740 où un savant hollandais a concentré de l'électricité dans une bouteille et en a tiré comme par magie de grosses étincelles, on se passionne pour l'électricité.

Au feu !

Pendant la Seconde Guerre mondiale, la société Cerberus met au point un détecteur sensible aux fumées. Il permet de repérer les particules très fines (quelques millièmes de millimètre) qui se développent au tout début de l'incendie. Un feu progresse en effet par étapes : odeur de roussi, fumées sombres, flammes et, finalement, élévation de température. Selon le type de feu, ces phénomènes se produisent plus ou moins tôt. Il existe donc plusieurs types d'appareils, pour les fumées, la chaleur et les flammes. Le détecteur de fumée agit comme un nez, en décelant l'influence des gaz de combustion sur de l'air rendu conducteur par une pastille radioactive. Le détecteur optique utilise un faisceau de lumière : quand la fumée est traversée par un rayon lumineux, elle s'illumine et éclaire une cellule qui émet un signal électrique d'alarme.

Serrure orientale datant de l'époque romaine.

Ne jouez pas avec le feu du ciel !

Voulant imiter Franklin, un physicien français, avec une corde de cerf-volant en fil de cuivre, provoque des lames de feu de plus de 3 m de long accompagnées de claquements impressionnants. Considéré comme un sorcier par les paysans des environs, il échappe de peu au lynchage et on détruit son cerf-volant.

Des serrures aux alarmes

Les premières serrures, faites de bois très dur, apparaissent dans l'Égypte ancienne. Plus récentes, les serrures métalliques, dites de sûreté, sont fabriquées à la fin du XVIIIe siècle en Angleterre. Puis, le Français Alexandre Fichet les perfectionne et invente la serrure "incrochetable", qui multiplie le nombre de points de verrouillage et accroît la résistance des différentes pièces. C'est le début d'une longue escalade contre les effractions. En 1963, les premiers systèmes utilisant l'électronique viennent compléter les dispositifs mécaniques. Ils se contentent de détecter les intrusions par les vibrations que provoque le voleur en se déplaçant. Dix ans plus tard, on peut le repérer par la chaleur qu'il dégage (le rayonnement infrarouge). Puis les centrales d'alarmes deviennent capables d'envoyer un message d'alerte par téléphone en cas d'intrusion.

Depuis les années 1980, on voit se multiplier les sociétés de gardiennage par télésurveillance. Aujourd'hui, comme les fausses alertes sont assez fréquentes, des détecteurs analysent les informations de plusieurs sources avant de donner l'alarme.

Vendre et acheter

L'argent : nous passons une partie de notre temps à en gagner, et une autre à le dépenser ! Aujourd'hui, chaque produit et chaque service ont une valeur monétaire, mais il n'en a pas toujours été ainsi…

Du troc au lingot

Comment commerce-t-on avant l'invention de la monnaie ? Tout simplement en pratiquant le troc : on échange un mouton contre des sacs de blé, du temps de travail contre du pain… Mais les animaux ne sont pas faciles à diviser, ni les sacs de blé à conserver ! On finit donc par échanger des biens contre un étalon d'une certaine valeur, utilisable partout : le lingot. Cette unité de métal, au poids constant, est facile à compter et elle représente une assez grande valeur sous un faible volume.

Scène de troc sur un bas-relief de la cité de Karkemish (Syrie), du Xe siècle avant notre ère.

Les "créséides", premières monnaies d'or au VIIe siècle av. J.-C., sont à l'origine de la richesse légendaire de Crésus, d'où l'expression "riche comme Crésus".

En Grèce, les pièces ont comme marque le dessin d'un animal emblème de la cité émettrice. Ici, une drachme grecque du IVe siècle av. J.-C.

Petite monnaie

Mais ces lingots sont encombrants et peu commodes pour de petits achats. Alors on les "saucissonne", en rondelles (de cuivre d'abord), qu'il faut peser car elles n'ont pas toutes la même taille. Puis, on les poinçonne pour indiquer qu'elles ont un poids et donc une valeur déterminés : ce sont les premières pièces. On les trouve en Chine, plus de 600 ans av. J.-C. (ci-dessus, une pièce en bronze émise en 118 av. J.-C.). Sont d'abord utilisées de petites billes d'électrum, un alliage d'or et d'argent, marquées par un petit motif en relief (poinçon) pour les authentifier. Comme la fraude reste fréquente, Crésus, roi de Lydie, remplace l'électrum par de l'or ou de l'argent purs et, vers 530 av. J.-C., toutes les pièces sont émises sur un même modèle, avec des empreintes en relief. Plus tard, en 49 av. J.-C., Jules César fait frapper une pièce d'or : l'aureus. Pour la première fois, le portrait d'un souverain encore vivant apparaît sur une pièce. Les Gaulois à la même époque utilisent des "pictons" faits d'un alliage de cuivre, d'or et d'étain.

Écus, francs et euros

Au Moyen Âge, la circulation de monnaie est encore limitée et le troc toujours très utilisé. Pour unifier son royaume et faciliter les échanges, Charlemagne (742-814) décide de remplacer les anciennes pièces par une nouvelle monnaie en argent : le denier. Ce n'est qu'en 1360, durant la guerre de Cent Ans, qu'est frappé le premier "franc" : cette pièce de 4 g d'or est émise pour payer la rançon du roi Jean le Bon, alors prisonnier des Anglais ! Sous Louis XI apparaissent les premiers écus d'or, qui deviennent des "louis d'or" sous Louis XIII. En 1795, le franc devient la monnaie nationale et le restera jusqu'en février 2002, date de la naissance de l'euro, la monnaie européenne.

Louis XIII réforme en 1640 le système monétaire. Il crée le louis d'or (*ci-dessus*) et l'écu, une nouvelle pièce en argent.

Pour ne pas s'encombrer

Le premier Caddie est fabriqué en 1937 par le propriétaire d'un supermarché américain, à Oklahoma City. Après avoir constaté que ses clients ont du mal à porter tous leurs paquets, il transforme des chaises pliantes en chariot : il place des roulettes sous leurs pieds et fixe un panier à la place du siège, le dossier de la chaise servant à pousser le chariot !

Grands magasins

L'idée d'un grand magasin où l'on peut trouver tout en un seul lieu est née voilà plus d'un siècle. Les premiers ont ouvert aux États-Unis en 1879. Avant les super et hypermarchés, il y a eu l'époque des "grands magasins". Le premier est fondé à Paris en 1824 par Pierre Parissot. L'entrepreneur lance de nouvelles méthodes de vente, avec notamment la vente à crédit. Son magasin, qui existe toujours, s'appelle *À la belle jardinière*. Un magasin du même type ouvre à New York vers 1850. On parle alors de "magasins populaires". Les Anglais adoptent ce système 30 ans plus tard. En France, le premier hypermarché ouvre en 1963, avec 12 caisses et 400 places de parking.

Papier de valeur

Le premier billet de banque est un petit bout d'étoffe carrée que l'on trouve en Chine, il y a 3 000 ans. Son usage se perd ensuite, et il faut attendre 1658 pour voir une banque de Stockholm émettre des billets. Mais ceux-ci ne s'imposeront qu'après 1800. Autre moyen de paiement, le chèque. Au IVe siècle av. J.-C., les banquiers grecs créent la lettre de change : cet engagement écrit permet au porteur de recevoir le montant inscrit sur la lettre à son arrivée dans un autre lieu financier. Aujourd'hui, le chèque est imprimé par la banque elle-même. On peut en rédiger un sur un autre support, pourvu qu'il soit daté et signé.

Payer avec des puces !

La carte de crédit possède une puce électronique, qui permet d'identifier le porteur. Les premiers brevets sont déposés en 1974. Les banques s'y intéressent après qu'un constructeur remplace la mémoire passive de la "puce" par une mémoire active permettant à la carte de contrôler elle-même les informations qu'elle contient. Dans l'avenir, la carte à puce remplacera complètement pièces, billets et chèques.

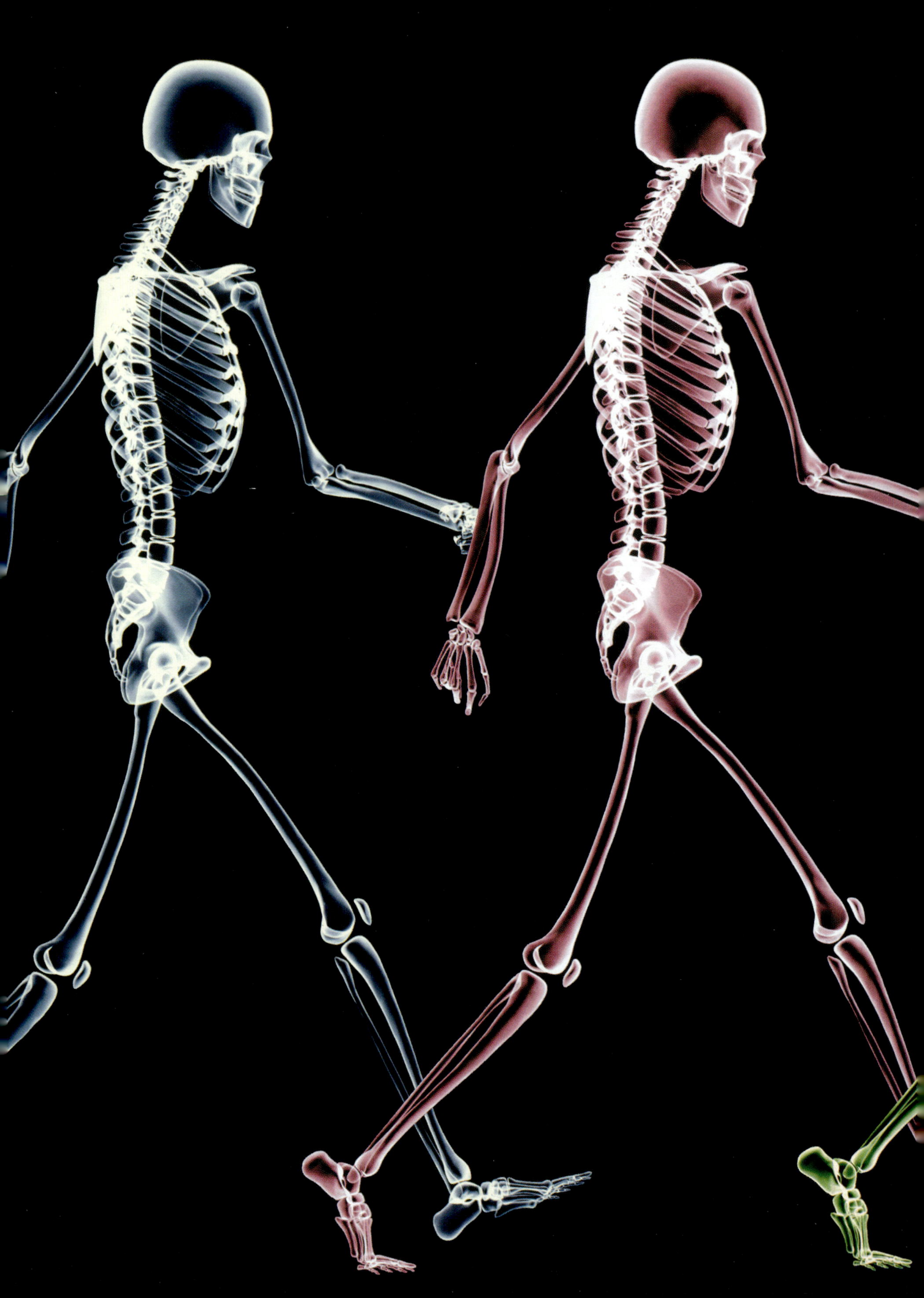

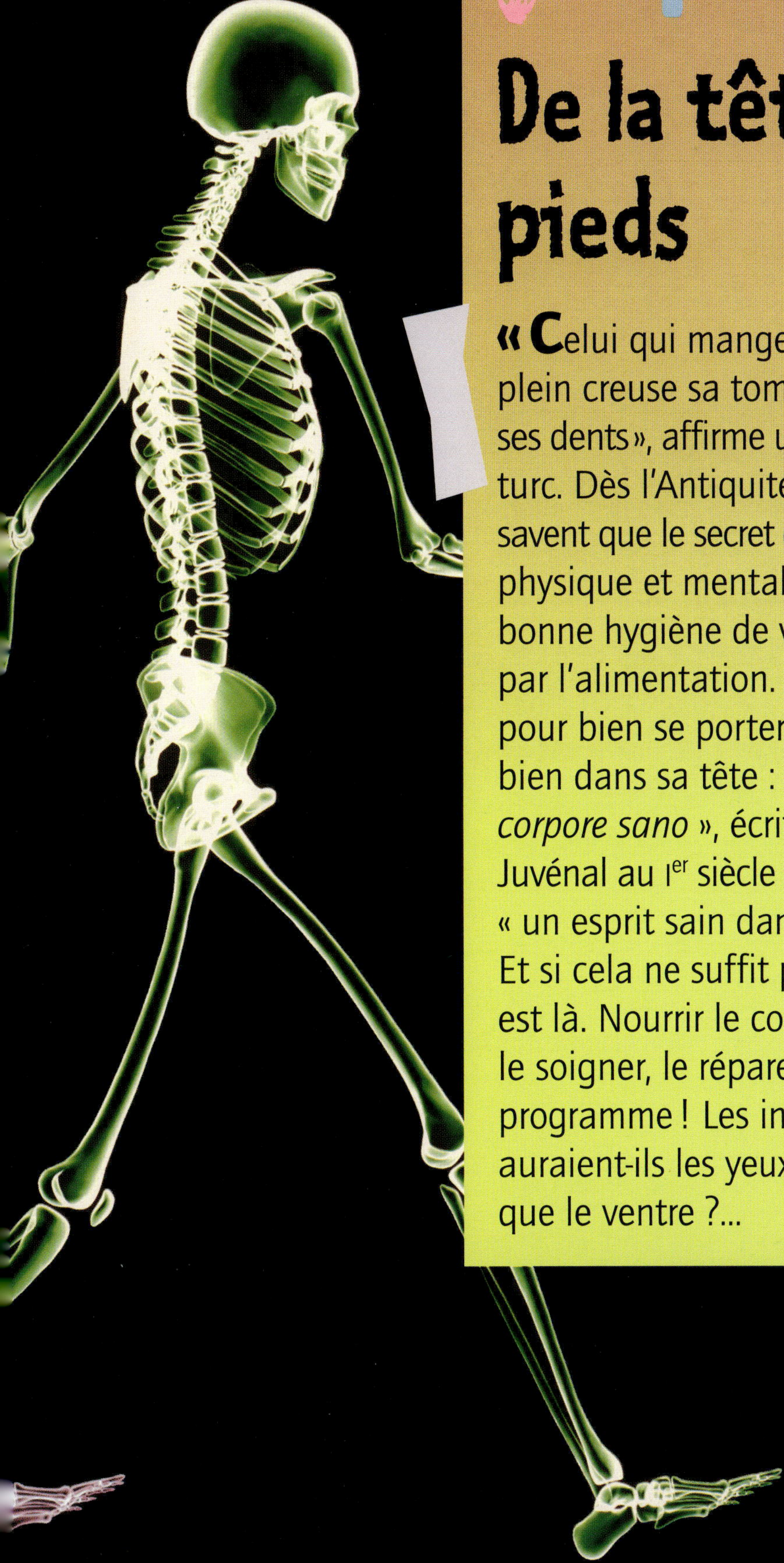

De la tête aux pieds

« Celui qui mange l'estomac plein creuse sa tombe avec ses dents », affirme un proverbe turc. Dès l'Antiquité, nos ancêtres savent que le secret d'une bonne santé, physique et mentale, repose sur une bonne hygiène de vie, à commencer par l'alimentation. Le corps a besoin, pour bien se porter, que l'on soit bien dans sa tête : « *Mens sana in corpore sano* », écrit le poète latin Juvénal au Ier siècle de notre ère : « un esprit sain dans un corps sain ». Et si cela ne suffit pas, le chirurgien est là. Nourrir le corps, l'entretenir, le soigner, le réparer : un vaste programme ! Les inventeurs auraient-ils les yeux plus gros que le ventre ?...

De bons petits plats

Jusqu'à environ 9000 av. J.-C., les hommes vivaient surtout de cueillette, de chasse et de pêche, en petits groupes nomades. Grâce à un climat plus doux, certains groupes se sont sédentarisés. En cultivant des plantes trouvées dans la nature, les céréales, ils ont pu se nourrir en toute saison. Au menu : riz, blé, avoine, et bientôt pain, beurre, etc.

À Chypre, 2000 ans avant notre ère, on connaît déjà les techniques de fabrication du pain.

Pour un repas équilibré

Le riz est la céréale la plus cultivée sur Terre : c'est la nourriture de base de la moitié de la population du monde ! Vient ensuite le blé, qui permet notamment la confection du pain, une variété à part (le blé dur) servant à la fabrication des pâtes alimentaires. Les céréales constituent la plus importante source de nourriture qui nous vienne des plantes. Cependant, aucune ne contient tous les éléments nécessaires au bon fonctionnement de notre organisme. En élevant des animaux pour leur viande, leur lait ou leurs œufs (à partir de 7000 av. J.-C.), l'homme a les moyens de régler ce problème et de manger équilibré.

De la galette au pain

Le pain est un aliment de base dans de nombreuses civilisations. Il est d'abord consommé sous forme de galette ; le plus vieux retrouvé à ce jour (en Suisse) a 5500 ans ! Vers 2600 av. J.-C., les Égyptiens sont parmi les premiers à découvrir la technique de la fermentation sans laquelle le pain n'est qu'une crêpe plate, sans mie. La farine, issue du broyage de grains de céréales (blé, seigle), est additionnée d'eau et de sel. À la pâte ainsi obtenue, on ajoute de la levure (des champignons microscopiques). Lors du pétrissage, la levure réagit avec les autres ingrédients (c'est la fermentation) et produit plusieurs composés, dont du gaz carbonique qui crée des alvéoles dans la pâte. Celle-ci gonfle alors (elle "lève") et on la cuit dans un four. Ce processus de fermentation est le même que dans la fabrication de la bière ou du vin par exemple.

Pour faire son beurre

Le beurre est tiré des gouttes de matière grasse qui flottent dans le lait (de vache ou autre). Ces molécules surnagent naturellement, mais on peut aussi les séparer du liquide grâce à une centrifugeuse ; la "crème" ainsi récoltée est placée dans une cuve (la "baratte") où elle est brassée jusqu'à ce qu'elle se transforme en beurre. Les beurres naturels, sans additifs, sont blancs.

Le casse-tête des OGM

Les organismes génétiquement modifiés (OGM), censés améliorer les variétés de plantes ou d'animaux existant dans la nature, soulèvent une grande polémique. La plupart des pays industrialisés les commercialisent cependant déjà sans problème, car ils permettent d'obtenir des variétés de fruits et de légumes résistant à certaines maladies, de plus grande valeur nutritive, ou se conservant plus longtemps. Il est pour l'instant difficile de démêler information et désinformation en ce domaine.

Dans les villages, les Éthiopiennes allument toujours le feu comme leurs ancêtres : en frottant deux bouts de bois l'un contre l'autre.

Pas de cuisine sans feu

Pour cuire les aliments, le feu est indispensable. Les hommes le maîtrisent depuis longtemps (les plus vieux foyers sont datés de 750 000 ans), mais c'est plus tardivement qu'il est utilisé pour la cuisine. On peut désormais manger des aliments bouillis, rôtis, frits ou cuits au four. Avant cela, l'homme mange cru, puis il se contente de jeter la dépouille de l'animal dans les flammes. L'invention de la broche permet ensuite de cuire la viande sur un feu de bois, c'est l'ancêtre de notre barbecue !

Le four à micro-ondes

Depuis la préhistoire, les techniques et les instruments de cuisson ont beaucoup évolué (plaque et four électriques, autocuiseur...), si bien que l'on n'utilise quasiment plus du tout le feu. Avec l'apparition du premier four à micro-ondes en 1947 aux États-Unis, les gains de temps sont considérables. Un tube électronique (le "magnétron") produit des ondes de très petite longueur : les micro-ondes. Celles-ci sont bombardées sur les aliments à cuire ; en les traversant, elles font vibrer violemment les molécules d'eau qu'ils contiennent. Ces vibrations dégagent de la chaleur qui se communique aux aliments. En une minute à peine, on obtient un bol de soupe tout chaud !

La pièce la plus importante du four à micro-ondes, le magnétron (en bas à droite), est utilisée à l'origine comme émetteur d'ondes des radars !

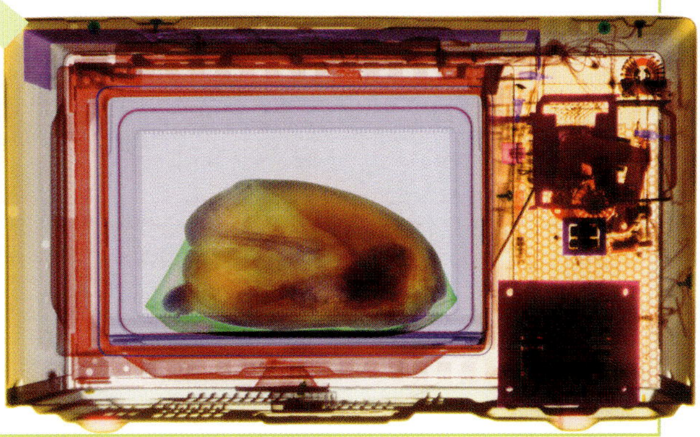

À consommer avec modération !

Les boissons inventées par l'homme ont un rôle fondamental dans sa vie quotidienne et... politique ! C'est une taxe sur le thé qui est à l'origine de la guerre d'Indépendance d'où ont émergé les États-Unis d'Amérique. À Paris, les "maisons de café" auraient joué un grand rôle dans l'échange d'idées nouvelles et donc dans le déclenchement de la Révolution française...

Le café
Selon une légende, les vertus excitantes du café ont été découvertes par un gardien de chèvres du Yémen, dont les bêtes avaient mangé ces fruits rouges et n'avaient pas pu dormir la nuit suivante. À partir du XVe siècle, le café d'Arabie (le célèbre moka) se répand dans tout le monde musulman. Vers 1550, à Istanbul, les boutiques qui en servent deviennent le lieu de rendez-vous des hauts dignitaires de l'empire turc ou des artistes étrangers. Le "café turc" gagne ensuite l'Europe. À l'époque, on se demande déjà si le café est un tonifiant ou un poison.

Le thé
Il semble que l'on commence à boire du thé en Chine, vers 2750 avant notre ère, quand le souverain de l'époque goûte une tasse d'eau bouillie dans laquelle quelques feuilles de thé seraient tombées par hasard... À la fin du XIIe siècle, le chef mongol Gengis Khan en fait boire à ses guerriers pour leur donner force et courage.

Le Coca-Cola
En 1886, à Atlanta (États-Unis), le pharmacien John Pemberton cherche à fabriquer un sirop original et désaltérant. Il mélange pour cela de la coca (plante stimulante originaire des Andes), de l'extrait de cola (noix du colatier, arbre d'Afrique occidentale riche en caféine) avec des extraits végétaux et du sucre. Les clients qui goûtent son sirop sont enthousiastes. Pemberton vend ensuite sa formule à un certain Asa Candler. Celui-ci a l'idée d'y ajouter de l'eau gazeuse et crée en 1892 la société Coca-Cola, qui se fait connaître dans le reste du monde après la Première Guerre mondiale. Aujourd'hui, le secret de la recette est toujours jalousement gardé...

La bière

En Mésopotamie et dans l'Égypte antique, on boit déjà des breuvages fermentés à base de céréales. Cette bière primitive gagne la Grèce, puis la Gaule où les Romains copient ensuite la "cervoise". Plus tard, les peuples germaniques y ajoutent un aromate local, le houblon : c'est ainsi qu'est née la bière moderne.

Le vin

Une poterie découverte en Iran témoigne de l'existence du vin il y a environ 7 000 ans. Les analyses chimiques ont montré que la jarre portait des traces de raisin et de vin, mais aussi de résine de térébenthine, largement utilisée dans l'Antiquité comme additif pour empêcher le vin de tourner en vinaigre.
Des papyrus égyptiens décrivent déjà les différentes étapes de fabrication du vin, mais ce sont surtout les Grecs et les Romains qui ont développé l'art viticole, en sélectionnant des plants de vigne et en maîtrisant la vinification.

L'eau gazeuse

L'eau minérale gazeuse est inventée en 1741 par l'Anglais William Browning, qui a l'idée d'insuffler du gaz carbonique (producteur de bulles) dans de l'eau ordinaire, puis d'embouteiller le mélange obtenu.
Le gaz étant sous pression dans la bouteille, il s'échappe immédiatement sous forme de bulles quand on débouche celle-ci.

Les alcools forts et "eaux-de-vie"

L'usage des boissons alcoolisées a probablement commencé par hasard, après qu'un mauvais stockage de fruits et de légumes a provoqué une fermentation, mise à profit pour fabriquer des boissons "magiques". On obtient des alcools "forts" en distillant ces jus sucrés fermentés provenant de fruits ou de céréales : on les fait d'abord bouillir dans un alambic puis on refroidit leur vapeur, qui se condense et donne un liquide clair très riche en alcool. Au Moyen Âge, les Arabes transmettent à l'Europe ce savoir-faire hérité des Égyptiens, et bientôt les eaux-de-vie se multiplient : whisky, cognac, vodka, aquavit, saké, tequila, etc.

À table !

Jusqu'au Moyen Âge, chacun se sert directement dans le chaudron posé au milieu de la table. Le couvert individuel n'apparaît que vers 1630. Chaque convive dispose alors de son propre verre, d'une cuillère et d'un couteau, mais pas encore de fourchette. Tout le monde ne mange cependant pas avec "notre" couvert. Les peuples orientaux se servent de baguettes, tandis que les Arabes et les peuples du désert mangent tout simplement avec les mains.

Pour boire, on a d'abord utilisé des tasses de bois puis de métal (timbales). Le "**verre**" en verre – d'où son nom – apparaît dès qu'on sait souffler celui-ci, au Ier siècle avant notre ère.

La **fourchette** a au moins 5 000 ans d'existence : on en a trouvé dans les fouilles d'une cité byzantine et chez les Égyptiens de l'Antiquité. Elle n'a alors que deux dents. Elle disparaît jusqu'au Moyen Âge, puis on la retrouve en Italie au XIe siècle, toujours avec deux dents. Le roi d'Angleterre Édouard Ier (en 1307) en a plusieurs, dont une en or, et le roi de France Charles V (qui règne de 1364 à 1380) en possède une dont le manche est orné de pierreries. La fourchette à trois ou quatre dents se généralise encore plus tard.

À l'origine, chacun doit apporter son propre **couteau**, seule la cuillère est sur la table. Les couteaux servent surtout à la chasse, pour dépecer le gibier, et sont donc pointus. C'est le duc de Richelieu (1696-1788) qui, agacé de voir les convives se curer les dents avec la pointe, a imposé des couteaux de table à bout arrondi.

L'ancêtre de la **cuillère** est... le coquillage ! Les plus anciennes cuillères véritables (vieilles de plus de 4 000 ans) sont en bois, en pierre ou en ivoire. Par la suite, elles sont en métal (or, argent et bronze).

Du beau linge !

Longtemps, on s'est essuyé les mains et la bouche avec un pan de la nappe, du moins dans les maisons riches car les pauvres ne recouvraient pas leur table. La serviette ne fait partie du couvert que depuis la fin du XVe siècle et, au début, on ne la place pas sur les genoux mais sur l'épaule, ou sur le bras gauche. On la porte ensuite autour du cou, puis accrochée au gilet ou à la chemise entre deux boutons (cela se fait encore dans certaines campagnes). Elle n'est sur nos genoux que depuis un siècle.

Les Romains ont utilisé des **assiettes**, mais elles disparaissent ensuite pour laisser place à l'écuelle (pour les mets liquides) et au "tranchoir" du Moyen Âge. Ce dernier est une planchette de bois ou de métal sur laquelle on place une épaisse tranche de pain rassis. Sur ce pain, on pose les morceaux de viande, que l'on prend ensuite avec les doigts. De nombreuses "aiguières" (rince-doigts) circulent durant le repas. Les assiettes (en céramique, en faïence ou en étain) ne deviennent courantes qu'au XVIIIe siècle, éliminant du même coup écuelle et tranchoir.

La science du bien-manger

« De ton alimentation fais ta première médecine. » C'est déjà ce que recommande le médecin grec Hippocrate dans l'Antiquité. Tout n'est pas forcément bon à manger. Pour survivre, l'homme a dû apprendre à éliminer les aliments indigestes ou toxiques, à faire des réserves pour l'avenir et à séparer les aliments utiles des denrées inutiles.

Dans certaines régions de Grèce, on fait toujours sécher le poulpe au soleil.

La diététique

La science qui définit les règles d'une alimentation saine et équilibrée s'appelle la diététique. Une partie de la médecine grecque antique, qui a pour but de créer une bonne hygiène de vie, porte d'ailleurs ce nom. Jusqu'à la fin du Moyen Âge, on trouve de nombreux livres de recettes qui sont en réalité des manuels de diététique. Bien plus tard, les chercheurs prouvent qu'il ne suffit pas de consommer le nombre voulu de calories, mais qu'il faut aussi tenir compte de l'action des différents aliments consommés. Au XIXe siècle apparaissent les bases de la diététique moderne avec la distinction entre lipides, glucides et protéines. À partir des années 1950, des études révèlent l'influence des habitudes alimentaires sur des maladies comme l'obésité, mais aussi le cancer ou les problèmes cardiaques.

Y aura-t-il à manger cet hiver ?

Depuis que l'homme sait qu'il y a plus de nourriture disponible en certaines saisons qu'en d'autres, il a cherché à conserver les aliments. C'est la prolifération des bactéries qui est responsable de leur détérioration ; elle est causée par l'humidité, la chaleur et l'exposition à l'air. Nos ancêtres avaient bien compris que si l'un de ces trois facteurs était éliminé, la dégradation des denrées périssables serait ralentie. C'est pourquoi les tribus primitives font sécher la viande au soleil, et que la salaison (le sel est un très bon conservateur) est restée pendant des siècles la méthode de conservation la plus populaire.

Appert et les conserves

Lorsque le jeune général Bonaparte mène sa première campagne militaire en Italie, l'intendance ne suit pas et le gâchis de nourriture est énorme. Un concours est alors lancé avec une grosse récompense à qui mettra au point un procédé de conservation des aliments pour l'armée et la marine. Le confiseur Nicolas Appert a une idée : il place des légumes dans de petites bouteilles de verre fermées par des bouchons de liège ; il les fait ensuite cuire au bain-marie dans une énorme marmite en cuivre. Ce sont les premières "conserves". Appert reçoit le prix promis et on ne tarit pas d'éloges sur le "génial inventeur", qui pourtant mourra dans la misère. Sa méthode se généralise bientôt et, plus tard, l'aluminium et le fer-blanc remplacent le verre.

Le froid, ça conserve !

Le froid est un autre bon moyen de conservation que les hommes préhistoriques des régions montagneuses et du Grand Nord connaissaient déjà. Au début du XVIIe siècle, les glacières qu'on utilise ne sont encore que de simples coffres en bois isolant, dans lesquels on place des morceaux de glace. Ceux-ci sont découpés en hiver au bord des rivières et des lacs gelés, et conservés dans des entrepôts spéciaux, entre des couches de paille saupoudrée de sel, les derniers blocs étant recouverts d'une épaisse couche de sciure de bois.

Réfrigérateur, Frigidaire et compagnie

À partir du XIXe siècle, on découvre le principe des gaz réfrigérants (notamment l'ammoniac) : quand un liquide passe à l'état gazeux, il absorbe la chaleur environnante, si bien que la température ambiante baisse. C'est ainsi que naît le froid artificiel, qui permet, au début du XXe siècle aux États-Unis, de fabriquer les premiers réfrigérateurs électriques modernes. Une des marques pionnières en ce domaine est Frigidaire, devenue un nom commun. Pour conserver plus durablement les aliments apparaissent ensuite des congélateurs, qui "surgèlent" les aliments en les maintenant à – 18 °C.

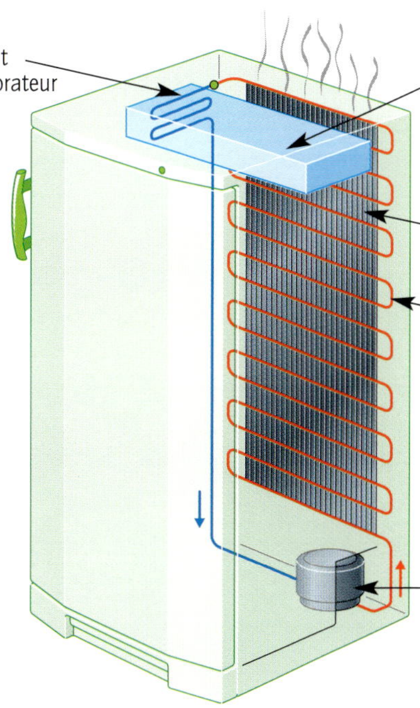

Ce fragment de tissu égyptien date du VIIe siècle.

S'habiller

Ötzi, cet homme retrouvé congelé dans un glacier des Alpes italiennes, nous a révélé que 5 000 ans avant notre ère nos ancêtres étaient déjà vêtus de vrais vêtements, et non plus de peaux de bêtes grossièrement découpées. L'évolution du vêtement s'est poursuivie au fil des siècles, d'abord dans un souci d'esthétisme et, plus récemment, de confort.

Premières fibres, premiers tissus

La découverte d'aiguilles datant de l'âge de pierre prouve qu'il y a plus de 10 000 ans – bien avant Ötzi –, les hommes confectionnent déjà des vêtements. Les fils de laine, en s'entrelaçant, forment du "feutre", qui est la première étoffe non tissée, employée d'abord par les nomades de Mésopotamie et d'Asie centrale. Les premières fibres utilisées pour le tissage sont par ailleurs le coton en Inde et au Pérou, le lin en Égypte et dans d'anciennes cités lacustres des Alpes, et la soie en Chine. Ces quatre fibres ont prédominé jusqu'au XVIIIe siècle.

La route de la soie

Une légende rapporte qu'un jour, alors qu'elle prend le thé à l'ombre d'un mûrier, l'impératrice chinoise Si Ling Chi voit tomber dans sa tasse une sorte de petit œuf blanc qui, sous l'effet de la chaleur de l'eau, se dévide en un fil très fin qui n'en finit plus : la soie vient d'être découverte. La soie est une fibre animale sécrétée par la chenille d'un papillon, le bombyx du mûrier. Les Chinois sont les premiers à avoir su élever le ver à soie et dévider le cocon pour en extraire le fil. Un décret impérial punit de mort quiconque trahira le secret de fabrication de la soie. Seuls les tissus peuvent sortir du pays. Les œufs du ver à soie sont pourtant finalement introduits en Europe vers l'an 550 par deux moines qui les ont volés, puis les ont cachés dans un bâton de bambou.

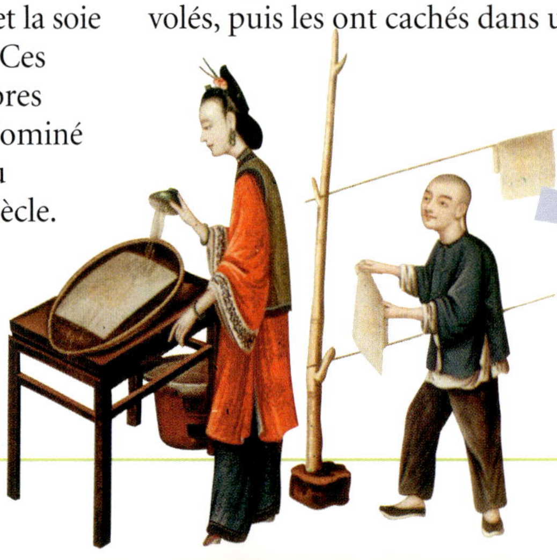

Le fil de soie, très fin (seulement 3/100 mm de diamètre), ne mesure pas moins de 2 km une fois le cocon entièrement dévidé !

Jacquard et le métier à tisser

Le premier métier à tisser connu est égyptien et date du Ve millénaire avant notre ère. Mais c'est au Français Joseph Marie Jacquard (qui a aussi inventé une machine à fabriquer les filets de pêche) que l'on doit le premier métier à tisser automatique vraiment efficace, avec son système de pédales et de cartes perforées indiquant à la machine comment réaliser des motifs compliqués. Ce "métier Jacquard" (breveté en 1801) a révolutionné le tissage. Aujourd'hui, les motifs sont programmés électroniquement.

Les fibres synthétiques

Au XIXe siècle, l'ingénieur français Louis Marie Hilaire Bernigaud remarque que les feuilles de mûrier dont se nourrit le bombyx sont riches en cellulose. Il trempe alors de la cellulose de coton dans un mélange d'acides et s'aperçoit que le produit obtenu, dissous dans un bain d'alcool, donne de la rayonne qu'on peut étirer à volonté : c'est le premier fil de soie artificielle. À partir de 1920, les chimistes découvrent le processus de fabrication de nouvelles substances pouvant donner des fils de textiles synthétiques. L'Américain Wallace Carothers en obtient ainsi toute une gamme dont le célèbre Nylon, commercialisé à partir de 1938.

Prêt-à-porter

Jusque dans les années 1950, les vêtements sont confectionnés sur mesure, par des couturières ou par des tailleurs. L'apparition de vêtements standard, fabriqués en tailles différentes à partir d'un même modèle, constitue une révolution : celle du "prêt-à-porter". Le patron est posé sur une pile de lés de tissus et un laser, une sorte de scie ou un jet d'eau très puissant découpe la forme. Ces techniques permettent de transpercer des épaisseurs de tissu de 4 à 10 cm, ce que ne peut faire aucune paire de ciseaux classiques !

Prendre soin de son corps

Pour avoir des dents saines, les Égyptiens de l'Antiquité recommandaient de mâcher le cœur d'un serpent. Les Romains, eux, portaient des sachets d'aromates sous les aisselles en guise de déodorant. L'hygiène et la beauté ne sont pas des préoccupations récentes, et les techniques mises au point à travers les âges sont parfois… étonnantes !

Un bon bain !

Les Grecs et les Romains, très attachés à la propreté corporelle, ont l'habitude de prendre des bains dans des thermes publics placés sous le signe de la déesse Hygie, protectrice de la santé. Ces coutumes s'étendent jusqu'en Orient avec les bains turcs ou les hammams. Parallèlement, les riches demeures possèdent des baignoires particulières, généralement en marbre. Au Moyen Âge, la baignoire devient un simple baquet en bois, puis au XVIIe siècle apparaissent les baignoires métalliques, moins coûteuses. La douche est d'invention beaucoup plus récente (1872) et a d'abord fait son apparition… dans les prisons !

Le savon

On a trouvé dans les ruines de la ville antique de Ninive, capitale des Assyriens, une tablette d'argile qui décrit la fabrication du savon, déjà connu vingt-cinq siècles avant notre ère. Ce produit est actuellement fabriqué à partir d'acides gras d'origine animale (comme le suif) ou végétale (huile d'olive, noix de coco). Une opération chimique - la "saponification"- transforme ces corps gras en savons durs (comme le fameux savon de Marseille) si on ajoute de la soude, ou en savons mous pour la toilette, si on utilise de la potasse.

La brosse à dents

L'hygiène buccale n'est pas moins importante. En ce domaine, les cure-dents ont précédé la brosse : ils sont très utilisés jusqu'à la Renaissance. Peu après, on dégage les fibres à l'extrémité d'un petit rameau afin de former des sortes de "poils". La brosse telle que nous la connaissons, avec un manche et des poils souples, apparaît vers l'an 1500 en Chine, avec des poils de soie. Elle est introduite en Europe un demi-siècle plus tard. Puis la soie naturelle est remplacée par la soie artificielle, et par le Nylon en 1938. Aujourd'hui, on se sert également de brosses électriques, et il existe même une brosse à ultrasons, qui s'utilise sans dentifrice !

Le dentifrice

Le premier dentifrice est très ancien, mais il n'a rien à voir avec notre pâte actuelle. Les Égyptiens, 2 000 ans avant notre ère, utilisent un mélange de cendres et d'argile. En Inde, un peu plus tard, on préfère mâchonner un bâtonnet de bois fibreux. À Rome, au Ier siècle de notre ère, le médecin Scribonius Largus propose une autre formule, faite d'un mélange de vinaigre, de miel, de sel et de verre pilé ! Jusqu'au XVIIIe siècle, la majorité des dentifrices (une poudre à laquelle il faut ajouter de l'eau) contient de l'urine, qui blanchit les dents et assainit les gencives ! De nos jours, on emploie surtout de la craie et des algues.

Un bijou !

À la cour du roi de France, au XVIe siècle, il est courant d'arborer sa brosse à dents... en sautoir autour du cou ! Il faut dire que c'est un objet de luxe au manche en or ou en argent, parfois incrusté de pierres précieuses. Les médecins de l'époque considèrent pourtant la brosse à dents comme une extravagance, et recommandent plutôt des pommades pour la bouche...

Parfums et eau de Cologne

On fabrique du parfum depuis l'Antiquité, et les grands spécialistes sont sans conteste les Égyptiens. Le parfum sert d'offrande ou de produit de beauté, mais demeure un article de grand luxe jusqu'au XVIIIe siècle. C'est à Cologne (aujourd'hui en Allemagne) que le chimiste et commerçant italien Giovanni Maria Farina fabrique, en 1709, un parfum bon marché, à base d'essence d'orange amère et d'alcool de citron. Le succès de l'"Eau de Cologne" est immédiat. Napoléon Ier en consommera jusqu'à 60 flacons par mois !

Les déodorants

Pour lutter contre les odeurs de transpiration, il existe de nombreux produits modernes utilisés notamment en spray. Ce sont les déodorants, qui sont soit antitranspirants (à base de sels bloquant une partie de la transpiration), soit antibactériens (avec des substances antiseptiques), soit absorbeurs d'odeurs. Le premier déodorant moderne date de la fin du XIXe siècle.

Remèdes en tous genres

Depuis toujours, l'homme consomme des plantes pour leurs effets bénéfiques sur le bien-être et la santé, que ce soit sous forme d'infusions, de poudres ou de pilules. Beaucoup d'expériences, pour des résultats pas toujours probants… et parfois très inattendus !

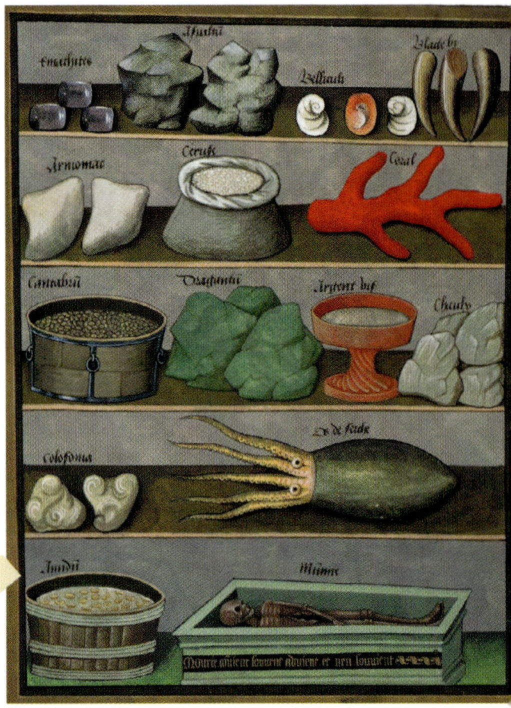

Sur ce manuscrit datant de l'an 1500, on peut voir certains ingrédients utilisés par les médecins de l'époque : corail, seiche et d'autres choses plus inquiétantes…

Entre médecine et magie

Plusieurs siècles avant notre ère, la médecine chinoise repose sur l'acupuncture (on enfonce des aiguilles en certains points stratégiques du corps du patient) et sur la connaissance de plus de 16 000 remèdes essentiellement à base de plantes. Les Égyptiens apprécient également les vertus d'un grand nombre de végétaux, mais aussi celles de la cervelle de tortue, des excréments de lion ou de la graisse d'hippopotame... Le Grec Hippocrate est le premier à faire de la médecine une science, alors que jusque-là elle est surtout basée sur la magie et la religion. À Rome, dans les premières années de l'ère chrétienne, le médecin et botaniste Dioscoride dresse une liste de remèdes naturels : c'est le premier manuel pharmaceutique occidental.

Vers la science

Au Moyen Âge, dans les campagnes d'Europe, les apothicaires règnent en maîtres, et on en revient à des conceptions magiques ou religieuses : la maladie est synonyme de punition divine. Une révolution se produit au XVIe siècle quand l'alchimiste et médecin suisse Paracelse préconise l'utilisation de produits minéraux (et non plus seulement végétaux) comme médicaments. Il est le premier, avec Jérôme Frascator, à penser que les maladies sont causées par des agents extérieurs, neutralisables par des substances chimiques.

La pharmacologie moderne

La pharmacologie est devenue scientifique à la fin du XVIIIe siècle, quand les progrès de la chimie ont permis la standardisation et la purification des ingrédients entrant dans la composition des médicaments. Il s'agit alors de produits naturels, comme la coca ou le quinquina, que les explorateurs ont rapportés en Europe. Puis on apprend à extraire des végétaux les substances qui ont des effets médicaux, comme l'aspirine (extraite de l'écorce de saule), la morphine (tirée d'une espèce de pavot) ou la quinine. Une fois que l'on a pu déterminer la composition chimique des principes actifs de ces végétaux, les grandes sociétés pharmaceutiques ont entrepris de les fabriquer artificiellement, en faisant la "synthèse" de leurs molécules.

De la vache à l'homme : la découverte des vaccins

Les techniques de vaccination sont connues en Orient depuis au moins l'an mille. Mais il faut attendre le XVIIIe siècle pour que les méthodes deviennent plus sûres, plus efficaces et se généralisent. En mai 1796, Edward Jenner, après avoir étudié la "vaccine" (maladie du pis des vaches proche de la variole humaine mais moins dangereuse), prélève le contenu d'une pustule sur la main d'une servante de ferme contaminée et l'injecte à un jeune garçon de 8 ans. Dix jours plus tard, une pustule apparaît, mais guérit rapidement. Jenner lui inocule ensuite le virus de la variole humaine, sans aucune conséquence : le garçon a été immunisé ! Pour fabriquer des vaccins, il faut donc supprimer la virulence du microbe, tout en conservant sa capacité à provoquer une réaction de défense de l'organisme. Celui-ci produit alors des anticorps pour se défendre d'une agression ultérieure. Sur le même principe, Pasteur découvre ensuite le vaccin contre la rage, et de nombreux autres vaccins voient le jour à partir de 1890 : contre le tétanos, la peste, la tuberculose, la coqueluche, etc.

Fleming et la pénicilline

Bien des découvertes importantes sont le fruit du hasard. C'est ainsi qu'en 1928, Alexander Fleming (1881-1955), un médecin anglais, laisse traîner dans un évier quelques petites boîtes dans lesquelles il a effectué des cultures de bactéries. Alors qu'il s'apprête à les jeter, il remarque que dans l'une d'elles une tache de moisissure a laissé un vide au milieu de la culture bactérienne. Il comprend que cette moisissure a fabriqué une substance mortelle pour les bactéries, qu'il baptise "pénicilline". C'est le premier antibiotique !

Dépister la maladie

Depuis un siècle environ sont apparues de nouvelles méthodes, qui permettent de “sonder” le corps d’un patient de l’extérieur, et même de voir au travers ! Il existe aussi, désormais, des techniques permettant d’effectuer de petites opérations locales à l’intérieur du corps, sans ouvrir celui-ci.

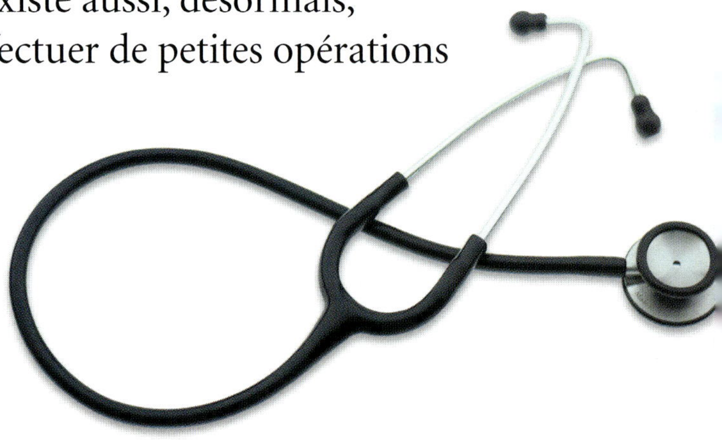

Le stéthoscope

Le premier est inventé en 1816 par René Laennec qui roule plusieurs feuilles de papier sur elles-mêmes et les applique contre le corps du patient pour amplifier le bruit de son cœur. Il perfectionne ensuite son invention : désormais en bois, le stéthoscope se termine par un embout évasé. Puis l’Anglais John Elliotson en fabrique un modèle plus sensible et, vers 1860, on ajoute au stéthoscope un second écouteur pour une écoute sur deux oreilles, ainsi qu’un système d’amplification.

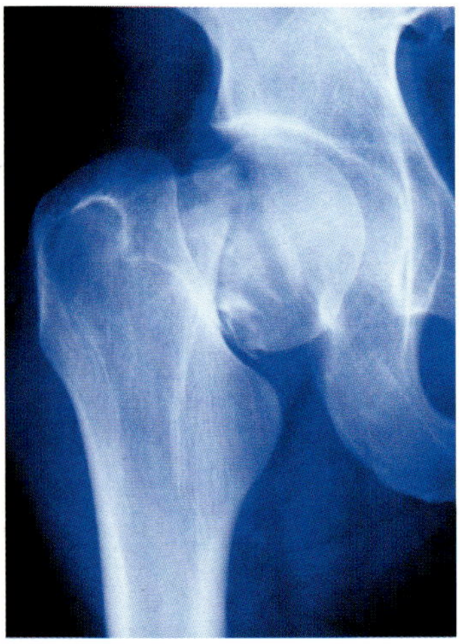

La radiographie

En 1895, l’Allemand Röntgen met en évidence l’existence des rayons X, des ondes invisibles à l’œil nu. Cette découverte permet de réaliser un examen de l’intérieur du corps en faisant notamment apparaître le squelette. En effet, les rayons X passent à travers les matières de faible densité (comme la peau, les muscles...), mais ils sont arrêtés par les matières plus denses (os...). On envoie des rayons sur le corps du patient, lui-même placé sur une plaque sensible : si le rayon traverse, il laisse une marque noire sur la plaque ; s’il est arrêté, il n’y a qu’une zone blanche. Dès 1896 est réalisée la première radiographie du crâne d’un patient.

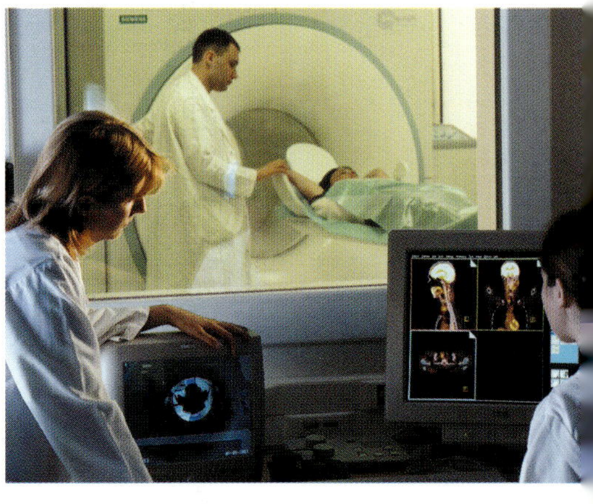

La tomographie et le scanner

À partir des années 1920, la tomographie permet d’obtenir des radiographies par “tranches” successives à l’intérieur du corps. La technique est améliorée cinquante ans plus tard en Angleterre avec le scanner (ou “tomodensitomètre”). Le patient entre dans une sorte de tunnel qui tourne autour de lui afin d’observer les organes sous tous les angles. Des rayons X sont envoyés sur la zone choisie ; une fois qu’ils l’ont traversée, ils atteignent un récepteur qui traduit l’information en signaux électroniques. Ceux-ci sont alors traités par ordinateur pour une meilleure mise en évidence de ce qu’on recherche. Le scanner permet une vision en trois dimensions et même en mouvement !

L'imagerie par résonance magnétique (ou IRM)
Utilisée en médecine à partir des années 1970, elle permet de dresser une carte de la répartition de l'eau dans le corps. On crée un champ magnétique autour du patient dont les atomes d'hydrogène se mettent alors à vibrer (on dit qu'ils "entrent en résonance") ; ils émettent des signaux électriques différents en fonction de l'organe et de son état (malade ou non), qui sont finalement traduits en images par un ordinateur. On peut ainsi localiser des tumeurs ou des malformations, encore mieux qu'avec le scanner.

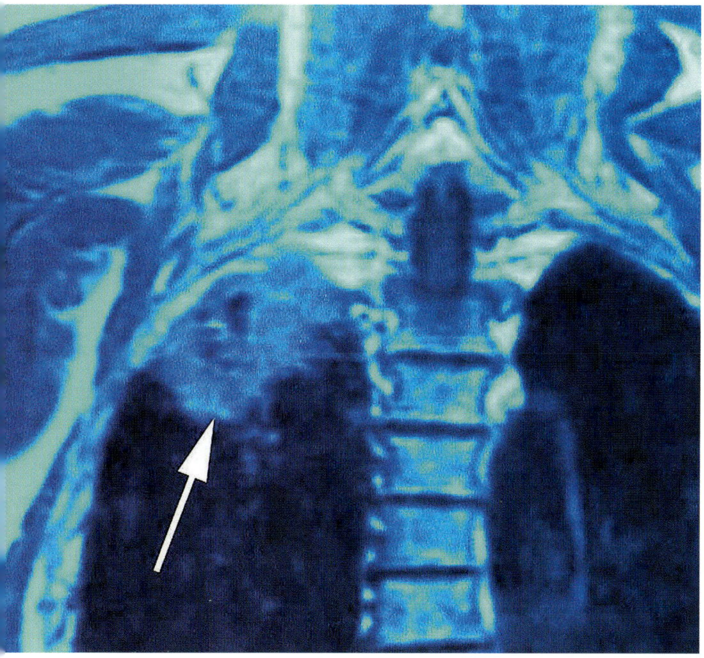

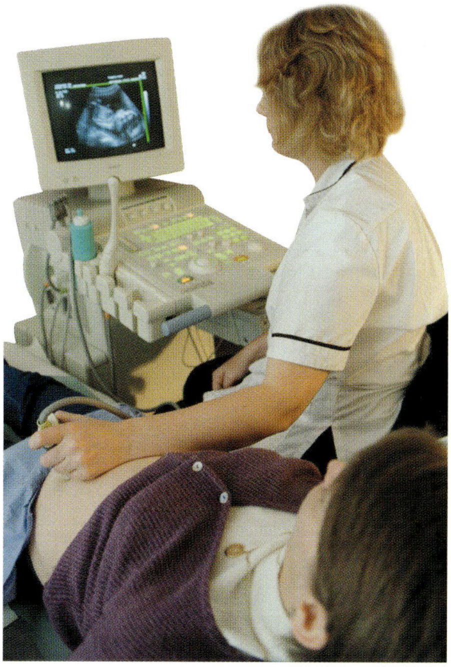

L'échographie
En 1955, un médecin américain utilise pour la première fois des ultrasons (sons très aigus inaudibles pour l'homme) pour observer le cœur, selon la technique militaire du "sonar". On envoie des ultrasons sur une partie du corps ; les os, muscles, organes, etc. qui s'y trouvent renvoient ces ultrasons (par "écho") de façons différentes. Ces échos sont ensuite traduits en images. Cette technique se généralise à des fins de diagnostic dans les années 1970. L'échographie sert couramment pour observer l'évolution d'un fœtus et permet par exemple de déterminer le sexe d'un enfant à naître.

L'endoscopie
Cette technique consiste à introduire à l'intérieur du corps, par une voie naturelle (œsophage, trachée, intestins...), un petit tube portant une lentille et un système d'éclairage, afin d'examiner des lésions ou des tumeurs, dans l'estomac ou la vessie par exemple. Les endoscopes modernes (depuis 1958) sont des fibres optiques très fines en matière plastique transparente, associées (depuis 1984) à une micro-caméra vidéo. Le médecin et son équipe peuvent voir sur un écran l'image de l'organe inspecté, sans avoir à ouvrir le corps du patient.

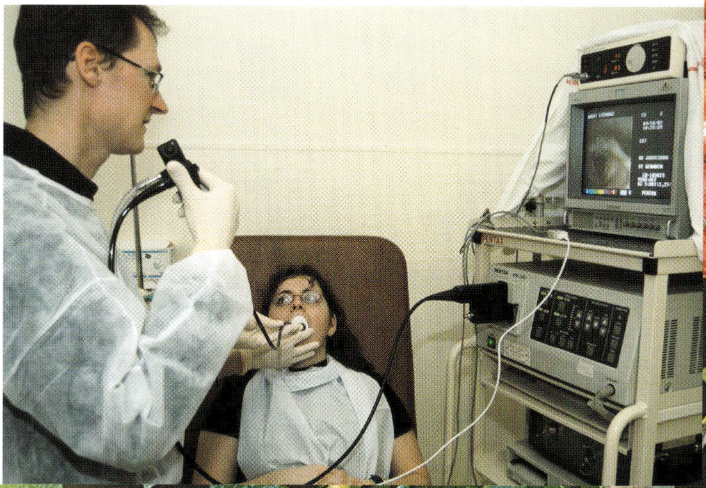

Réparer le corps humain

La toute première opération chirurgicale – une trépanation – est très ancienne puisque les archéologues ont trouvé en Europe et ailleurs des crânes qui en portaient les traces caractéristiques, vieux de près de 12 000 ans ! Il semble même qu'un certain nombre de ces "patients" préhistoriques aient survécu à l'intervention...

Avant le chirurgien... le barbier !

Un des plus anciens chirurgiens connus est un Indien du nom de Suçruta : au IVe siècle, il pratiquait déjà des opérations de l'œil.
Au Moyen Âge, la chirurgie fait des progrès grâce aux médecins arabes, mais en Europe elle est considérée par l'Église comme une pratique barbare, et condamnée officiellement. Jusqu'au début du XVIIIe siècle, ce sont des barbiers itinérants qui pratiquent la chirurgie ! En France, le chirurgien du roi Louis XV sépare ensuite les chirurgiens des barbiers-perruquiers... nos actuels coiffeurs ! La chirurgie ne devient courante (et à peu près sûre) qu'à la fin du XIXe siècle.

Anesthésier pour ne rien sentir

Il y a très longtemps que l'on sait calmer la douleur, car les Mésopotamiens connaissaient déjà les propriétés somnifères du pavot, et les Égyptiens savaient préparer l'opium comme calmant. Au XIXe siècle, on découvre les étonnantes propriétés d'un gaz, le protoxyde d'azote : l'inhalation de ce "gaz hilarant" entraîne une insensibilisation aux coups. La première opération (en public ! *tableau à droite*) sous anesthésie au protoxyde d'azote est réalisée en 1844 par un dentiste américain dont le patient, sans doute mal anesthésié, a terriblement souffert... Au même moment, on commence à utiliser d'autres anesthésiants comme l'éther et le chloroforme. Malgré les réticences, l'anesthésie finit par s'imposer.

Ambroise Paré (1509-1590), le père de la chirurgie moderne, est barbier. C'est sur les champs de bataille qu'il perfectionne sa technique, avant de poursuivre son travail au service de quatre rois de France ! Il est à l'origine de nombreuses innovations comme celle qui permet d'éviter la terrible application du fer rouge sur les plaies, destinée à arrêter les saignements.

Les organes "étrangers"

La toute première greffe d'un organe est celle du rein, réussie en 1954 à Boston, aux États-Unis. Des chirurgiens sont ensuite parvenus à greffer un foie en 1963, puis un poumon. Mais la plus spectaculaire opération chirurgicale est certainement celle qui a permis la première greffe du cœur par le médecin sud-africain Christiaan Barnard à l'hôpital du Cap, en décembre 1967. Le bénéficiaire a vécu 18 jours avec le cœur d'un autre, avant de mourir... d'un problème au poumon ! Une transplantation durable est réalisée en France dès l'année suivante. Ce type de greffe est devenu aujourd'hui courant, et la plupart des receveurs peuvent désormais reprendre une vie normale. On sait aussi, par ailleurs, implanter des cœurs artificiels, ainsi que des appareils d'assistance comme le "pacemaker", qui délivre régulièrement une petite impulsion électrique et aide le cœur à battre normalement.

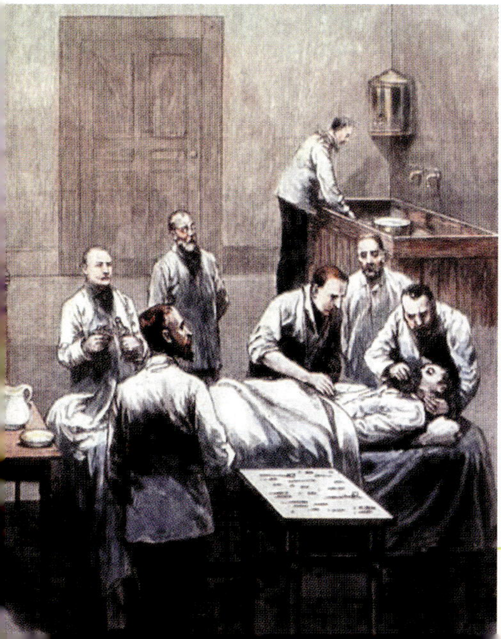

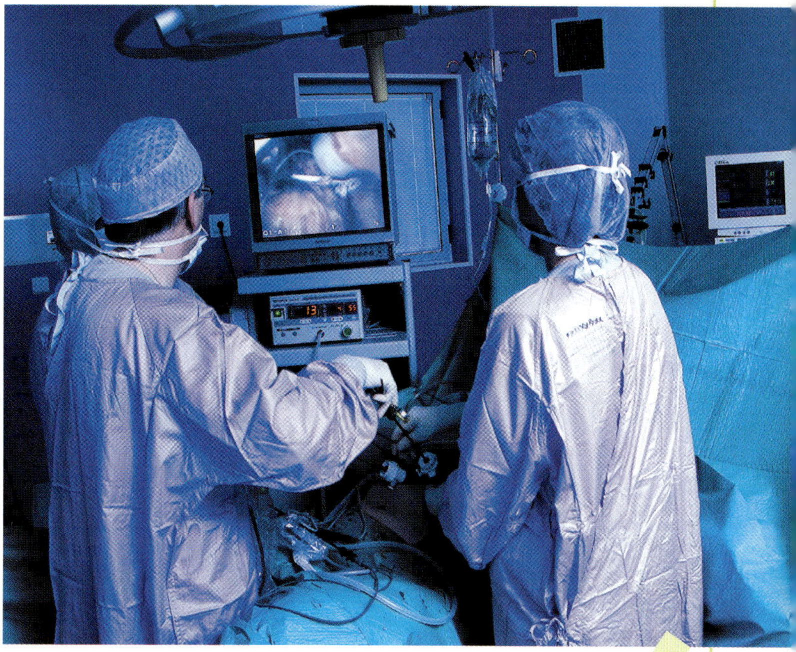

Séance de chirurgie vidéo-assitée : le chirurgien opère en regardant un écran de télévision pour mieux voir.

La chirurgie "high-tech"

Comme tous les autres domaines, la chirurgie bénéficie des innovations technologiques. C'est ainsi que le laser est devenu courant dans les salles d'opération où il peut remplacer le classique bistouri. Le laser sert aussi en ophtalmologie pour traiter les principaux défauts de vision et supprimer le port de lunettes ou de lentilles de contact. La chirurgie fait également appel aux ressources de l'informatique et de la vidéo : c'est la chirurgie "vidéo-assistée". On peut même opérer à distance à partir d'images transmises par satellite ! C'est utile pour les hôpitaux isolés en cas d'opération délicate, et cela préfigure l'avènement de la chirurgie robotisée…

Une médecine "propre"

Préconisée par Pasteur au XIXe siècle, l'aseptie impose d'opérer dans les meilleures conditions afin d'éviter la contamination microbienne. Sa première règle est de stériliser convenablement tous les instruments, à commencer par... les mains du chirurgien !

Communiquer, tous reliés

Le savoir, autrefois, était dans les livres. Aujourd'hui, on le trouve de plus en plus dans les disques optiques, qui peuvent stocker une quantité d'information considérable, aussi bien des textes que des photos, des sons ou encore des images animées. Une encyclopédie en vingt volumes, qui occupait plusieurs mètres d'étagère et pesait 100 kg, n'a besoin désormais que des quelques grammes d'un CD-Rom qui tient dans une enveloppe !

Avec Internet, toutes ces connaissances sont accessibles à tout moment et de partout, où que l'on se trouve dans le monde. Nous sommes bel et bien tous reliés.

Rendre la parole visible

Sur les 3 000 langues qui existent aujourd'hui, seule une petite minorité possède une version écrite. Pourtant, l'invention de l'écriture (il y a plus de 5 000 ans !) est une véritable révolution, qui permet de fixer la parole, de conserver sa trace. C'est d'ailleurs sa naissance qui marque la fin de la préhistoire et le début de l'histoire.

Les inscriptions gravées sur cette tablette d'argile sont un bel exemple d'écriture cunéiforme. Ce document a été retrouvé dans les archives d'un ancien palais situé dans l'actuelle Syrie. On y a découvert 15 000 autres tablettes de ce type, toutes vieilles de plus de 4 000 ans!

Du dessin...

L'écriture, au tout début, ne sert pas à transmettre des idées, mais à comptabiliser des richesses ou à conserver des connaissances utilitaires. C'est pourquoi, pendant longtemps, le dessin stylisé tient lieu d'écriture ; il suffit de symboliser un bœuf ou un cerf et d'en dessiner un certain nombre : on vient "d'écrire" la taille d'un troupeau. Les peintures des grottes préhistoriques, tracées voilà un peu plus de 30 000 ans, sont donc déjà une sorte d'écriture. Puis les Sumériens de Mésopotamie (vers 3400 av. J.-C.) tracent dans de l'argile humide, avec des pointes de roseau taillé, des lignes courbes représentant le contour des objets symbolisés.

... à l'écriture

Peu à peu, ces signes deviennent de plus en plus abstraits et prennent la forme de petits clous : c'est l'écriture "cunéiforme". Plus évoluée est ensuite l'écriture des Égyptiens qui utilisent des hiéroglyphes, sortes de rébus mêlant dessins stylisés d'objets, d'animaux, d'humains et de plantes. Chaque signe correspond à une idée ou à une action, ou bien à un son ou à une syllabe. Quant aux idéogrammes chinois, ils sont

Lire un idéogramme chinois

上 : Monter. Ce symbole se décompose ainsi : la place (" ├ ") est en haut de l'horizon ("__").

下 : Descendre. La place (" 卜 ") est en bas de l'horizon ("__").

la forme d'écriture la plus ancienne encore utilisée de nos jours : ils ont plus de 3 500 ans d'existence ! À l'origine, lors de cérémonies, les prêtres approchaient d'une flamme des carapaces de tortue et des bois de cerf ; des craquelures apparaissaient alors, et on les considérait comme l'écriture des dieux. Une fois recopiés, ces signes devinrent les premiers caractères chinois.

Une maison et un bœuf pour écrire

Pour les Phéniciens, le signe *aleph* correspond au bœuf, représenté par la tête stylisée de l'animal avec des cornes : c'est notre lettre "A". Le second signe, *bet*, est la maison et il a donné notre "B". Ces deux premières lettres associées (*aleph-bet*, ou *alpha-bêta* en grec) ont donné le mot "alphabet" qui désigne l'ensemble des lettres.

Cette stèle en l'honneur de Tinnit, la déesse protectrice de Carthage, est couverte d'inscriptions en alphabet phénicien. Elle date du IVe siècle av. J.-C.

Voici ce que donnent les aventures d'Harry Potter traduites en grec, en coréen, en thaï et en russe (de haut en bas). C'est à y perdre son latin !

Une invention qui fait du bruit

Une étape importante est franchie au IIe millénaire quand le signe correspondant à un objet (idéogramme ou hiéroglyphe) disparaît, et est remplacé par un symbole désignant un son : c'est l'écriture phonétique (ou syllabique) qui donne naissance à l'alphabet. Le premier est inventé par les Phéniciens, dans la région du Liban actuel ; il découpe les syllabes en 22 unités simples, les consonnes. La lecture se fait de droite à gauche. L'alphabet phénicien est à l'origine de tous les alphabets d'Europe, du Moyen-Orient (dont l'hébreu et l'arabe) et de l'Inde. À partir de l'an 700 av. J.-C., les Grecs écrivent pour la première fois de gauche à droite et ajoutent des voyelles au système phénicien pour pouvoir retranscrire tous les sons de leur langue. De cet alphabet grec naît notre alphabet latin qui comporte 26 lettres ; aujourd'hui, c'est le plus utilisé dans le monde.

Du crayon au stylo bille

Avant l'invention du crayon, les hommes traçaient des signes avec les seuls instruments qu'ils avaient sur eux en permanence : leurs doigts ! Ils se servaient probablement de l'index, qu'il suffisait de tremper dans une teinture déjà préparée. Puis, pour dessiner ou écrire avec plus de finesse, on a utilisé une touffe de poils rassemblés à l'extrémité d'un manche en bois, l'ancêtre du pinceau.

Une bonne mine pour le crayon

Au Moyen Âge, on écrit avec de petits bâtonnets de plomb ou avec une pointe d'argent, métaux tendres qui laissent une trace sur les parchemins. Puis, ces "mines" sont remplacées par du graphite, une variété de carbone très friable, qu'on enrobe d'une gaine de cuir : le crayon est né. Le cuir est ensuite abandonné au profit du bois. Le seul endroit au monde où l'on ait trouvé du graphite solide (et non en poudre comme ailleurs) se situe en Angleterre. À la Révolution, quand cessent les relations économiques entre ce pays et la France, l'ingénieur français Nicolas Jacques Conté est chargé de trouver un système de remplacement : il cuit à très haute température un mélange d'argile et de poudre de graphite. C'est cette méthode que nous utilisons encore aujourd'hui.

Passionné de peinture mais aussi de mécanique et de physique, Nicolas Jacques Conté se livre à de nombreuses expériences. C'est lors de l'une d'elles qu'il perd l'œil gauche.

La plume, de l'oie au métal

Jusqu'au XVIIe siècle, on écrit à la plume, dont on trempe l'extrémité dans un encrier. Mais qu'elles soient d'oie, de vautour ou de pélican, les plumes s'usent vite, et à partir de 1700, on commence à fabriquer des "plumes" en métal. À la même époque apparaissent les premiers porte-plumes avec réservoir d'encre intégré. Mais le système n'est pas très au point et l'encre fuit souvent.

Les premières encres

Les premières encres ne sont pas liquides ! Ce sont des poudres ou des blocs compacts qui ne sont dilués qu'au moment de leur utilisation. À l'époque des pharaons (3200 av. J.-C.), on trouve déjà des textes écrits sur des papyrus avec de l'encre noire (à base de suie ou d'oxyde de fer) ou rouge (à base de terre ou de cinabre, le minerai dont on extrait le mercure). Les Chinois fabriquent également de l'encre depuis longtemps, mais la fameuse "encre de Chine", noire et indélébile, à base de suie, de colle de riz et de substances aromatiques, est plus récente (vers 250).

La fin des fuites

En 1884, aux États-Unis, Lewis Edson Waterman, agent d'assurances, se trouve chez un client pour signer un contrat important. Il prend un stylo à réservoir, mais celui-ci fuit sur le précieux contrat, et la signature est reportée. Entre-temps, un concurrent moins malchanceux se présente et emporte l'affaire. Furieux, Waterman s'enferme dans un atelier pour trouver une solution au problème. Pour éviter les "pâtés" et les fuites, il cherche à réguler l'échange entre l'encre et l'air ; il crée de minuscules canaux sous la plume, pour rendre le débit d'encre régulier, et baptise d'ailleurs son premier stylographe "le Régulier". La cartouche d'encre date de 1927.

Une machine qui tire... des lettres !

La première machine à écrire fabriquée en série date de 1873. Conçue par une équipe d'ingénieurs (les Américains Sholes, Glidden et Soule), elle a été construite et assemblée par un certain Remington... le plus grand fabriquant d'armes de l'époque !

Le stylo bille conquiert le monde

C'est en observant la trace laissée par une boule de pétanque sur le sol après une averse de pluie, que le journaliste hongrois Lazslo Biro a eu l'idée du stylo bille ! Une bille de 1 mm de diamètre roule sur elle-même dans un réservoir d'encre ; elle se couvre d'encre avant de déposer celle-ci sur le papier. Breveté en 1938, le procédé est vite adopté par les aviateurs anglais en raison de sa facilité d'utilisation. En 1953, le baron Marcel Bich lance la fabrication industrielle de stylos jetables qui ne bavent plus : c'est la "pointe Bic", dotée d'une encre à séchage rapide. Il s'en vend aujourd'hui plus de 12 millions par jour dans le monde.

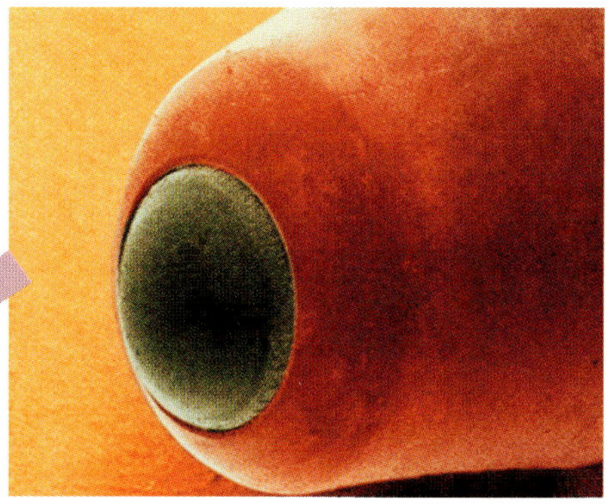

La firme japonaise Pilot est la première à doter ses stylos d'une pointe en acier, puis en tungstène. Les billes sont désormais presque aussi dures que le diamant. Un stylo bille permet de produire entre 2,5 et 3,5 km d'écriture !

Faire bonne impression

Avant l'invention de l'imprimerie qui, en "pressant" un document original, permet de tirer autant d'exemplaires que l'on veut, les textes et gravures anciens étaient copiés à la main, autant de fois que nécessaire. Ces travaux étaient le plus souvent effectués par des moines "copistes" : de véritables artistes, pour qui le temps ne comptait pas.

De Confucius...

La première forme d'imprimerie a été la xylographie : on grave un texte en relief sur une planche de bois sur laquelle on passe une couche d'encre avant d'y appliquer une feuille de papier. Les Chinois développent cette technique à partir du VIe siècle, pour imprimer des textes religieux (*ci-dessus*, un document du Xe siècle) et les œuvres du philosophe Confucius. Les caractères mobiles, également utilisés pour la première fois en Chine, sont de petits blocs de bois, d'argile ou de métal sur lesquels a été gravé un symbole unique ; ils sont interchangeables et réutilisables.

... à la Bible

L'imprimerie prend vraiment son essor avec l'Allemand Johannes Gutenberg, qui coule des caractères en plomb et s'inspire de la presse à raisin des vignerons du Rhin pour créer une machine qui presse plus rapidement et plus efficacement les caractères sur le papier. Gutenberg publie son premier livre, une Bible, en 1455. Moins d'un demi-siècle plus tard, plus de 20 millions de livres ont déjà été imprimés, dans 200 villes d'Europe.

Papier secret...

Inventé par les Chinois vers 100 av. J.-C., le premier papier est fabriqué à partir d'une bouillie de paille, de chiffons et de filets de pêche usagés, à laquelle on ajoute parfois du chanvre et de l'écorce de mûrier. Le procédé de fabrication reste secret jusqu'au VIIIe siècle. Le papier se répand alors, mais il ne s'imposera définitivement qu'avec la mise au point de la pâte à bois au XIXe siècle, qui permet de fabriquer du papier bon marché.

Le système de la rotative permet une impression rapide de textes en grande quantité. Les journaux sont les premiers à bénéficier de cette innovation.

Ça tourne !

L'imprimerie n'évolue guère jusqu'au XIXe siècle. La presse rotative, conçue en 1847 par l'Américain Richard Hoe, est une première révolution. Des caractères en plomb sont fixés dans un cadre représentant la page d'un journal, par exemple. On fait un moule de cette page, et une plaque imprimante courbe est réalisée à partir de ce moule. La plaque est alors fixée sur un cylindre en rotation qui vient au contact d'un autre cylindre, lequel défile en continu et entraîne des rames de papier.

L'impression offset

Un nouveau pas est franchi au début du XXe siècle avec le système offset. Le document à imprimer est disposé sur une plaque ①, elle-même fixée sur un cylindre ②. Deux autres cylindres ③, plus petits, encrent la plaque, et un quatrième ④ la mouille. Sur la plaque, les zones de texte sont d'une matière qui retient l'encre mais pas l'eau. Après ce double contact, le document rencontre un nouveau cylindre ⑤ sur lequel il est imprimé ; puis ce cylindre passe sur une feuille ⑥ et imprime (par transfert, *offset* en anglais) le texte pour de bon.

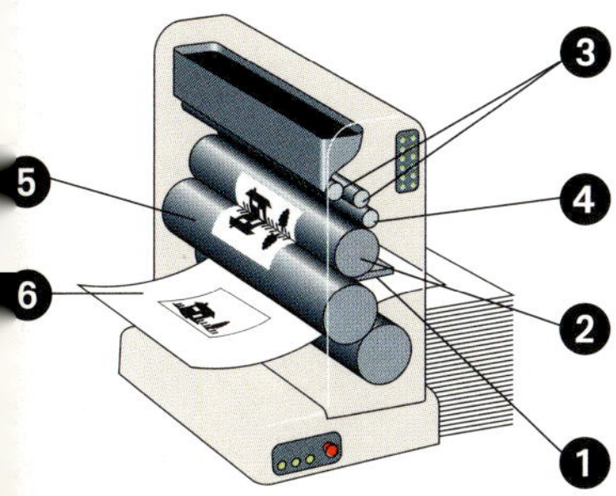

Photo et laser au secours de l'imprimerie

En 1956, la photocomposition est une autre révolution. Les caractères en plomb sont remplacés par l'image photographique du texte à imprimer, que l'on projette ensuite sur du papier photo. Plus tard, les photocomposeuses sont reliées à des ordinateurs, et la vitesse d'impression passe à 400 000 caractères par heure.
À partir de 1985, avec les imprimantes laser, l'impression de documents est possible ailleurs qu'à l'imprimerie : dans les bureaux, et même chez soi.

Le livre de demain ?

En 1998 est apparu le premier livre électronique ou *e-book*. C'est en fait une sorte d'ordinateur. Le texte s'affiche sur un écran aussi fin et flexible qu'une feuille de papier. Des capsules pleines de microparticules s'affichent sur l'écran quand elles reçoivent une impulsion électronique ; le texte devient visible. Une fois lu, celui-ci peut être effacé et remplacé par un autre, téléchargé sur Internet...

Comme une lettre à la poste

Les coursiers du roi de Perse Cyrus le Grand, six siècles av. J.-C., avaient du mal à transmettre rapidement les messages du souverain à travers son immense empire. On crée alors un service de relais où les chevaux peuvent être soignés après leur course journalière. C'est la première “poste”.

Aujourd'hui, quelque 440 milliards de lettres, colis, journaux, magazines et courriers publicitaires sont expédiés chaque année dans le monde.

Du messager au facteur

Le plus ancien document postal que l'on ait trouvé (en Égypte) remonte à 2400 avant notre ère. Bien avant l'invention du timbre, des services postaux existent pratiquement partout dans le monde, sous forme de messagers travaillant pour les rois ou les empereurs. Celui mis au point par les Romains sous le règne de l'empereur Auguste (27 av. J.-C. - 14 apr. J.-C.), inspiré des Perses, est très efficace.
Au Moyen Âge, des ordres religieux et des universités organisent leur propre système de transmission de messages. Au XIXe siècle se développent des services postaux nationaux et publics un peu partout dans le monde. Le courrier a connu de nombreux moyens de transport : à pied, à cheval, en ballon, en train, en avion, et même en fusée !

Qui doit payer ?

La poste n'est pas un service gratuit. Mais pendant très longtemps, c'est le destinataire qui devait payer le transport du courrier qu'on lui adressait, et non, comme aujourd'hui, l'expéditeur. Un des premiers systèmes de “port payé” est imaginé à Paris par un certain Villayer, qui, en 1653, distribue de petits morceaux de papier prouvant que l'acheminement a bien été payé dès le départ. Les postes de Sardaigne reprennent l'idée et mettent en circulation, en 1814, du papier timbré dont le tarif dépend de la distance à parcourir jusqu'au destinataire. Ces systèmes ne survivent généralement pas longtemps.

L'invention du timbre-poste

C'est en Angleterre, en 1837, que naît le premier timbre-poste moderne, quand un haut fonctionnaire du nom de Rowland Hill remarque dans une auberge le manège d'une servante à qui l'on vient d'apporter une lettre.

On a l'habitude de voir des timbres dentelés, mais il faut savoir que les tout premiers ne le sont pas : leurs bords sont droits, coupés aux ciseaux.

Passion philatélie

La philatélie, l'art de collectionner les timbres, est aussi vieille que le timbre lui-même. Quand on sait que plus de 15 000 timbres sont émis chaque année dans le monde (sans compter les faux !), on comprend bien qu'il est devenu impossible de tous les collectionner...

Après l'avoir examinée, elle la rend en refusant de payer la taxe du transport. Interrogée, la jeune femme avoue qu'elle sait déjà ce que contient la lettre de son fiancé, car ils ont décidé d'un code: selon la façon dont l'adresse est rédigée, elle sait s'il est bien portant ou pas... Rowland Hill suggère alors de créer des vignettes (ou "timbres") à coller sur les enveloppes pour que la taxe d'acheminement soit payée au départ et non à l'arrivée. Le premier timbre-poste (à l'effigie de la Reine Victoria) est imprimé en 1840. Le succès est immédiat, et le système définitivement adopté. Le Brésil est le premier pays à imiter l'Angleterre, suivi de la Suisse et des États-Unis. Les premiers timbres-poste français apparaissent en 1849 ; ils représentent Cérès, déesse de l'agriculture et des moissons.

La carte postale

La carte postale est inventée (en 1861) par l'Américain John Charlton et le papetier Harry Lipman. Les premières sont imprimées 8 ans plus tard par les Postes autrichiennes. Ce sont de simples cartons préaffranchis, utilisables seulement dans le pays. Les premières cartes postales ne sont pas du tout illustrées (à la différence de celles d'aujourd'hui) et on y écrit l'adresse au recto et le texte au verso. La première carte postale illustrée date de 1870 et représente le camp de Conlie dans la Sarthe.

Du télégraphe au téléphone mobile

Les hommes ont toujours cherché à communiquer entre eux à distance, en utilisant des signaux visuels (fumée, drapeaux, bannières) ou auditifs. Avec l'invention du télégraphe, puis celle du téléphone, les "télécommunications" ont gagné en précision et en rapidité.

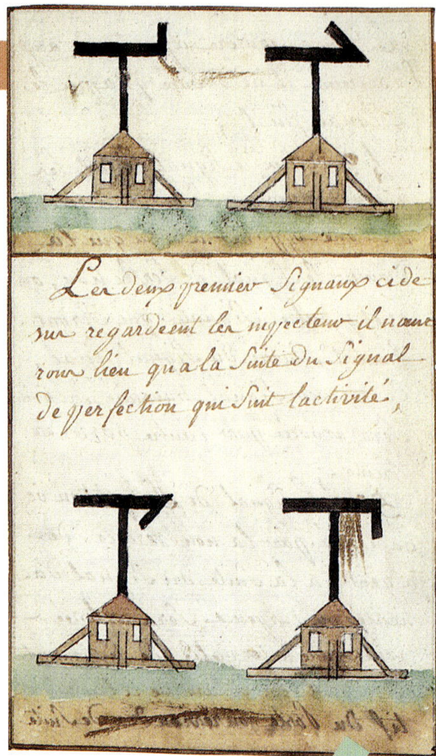

À l'époque de Chappe, une diligence met 4 jours pour faire Paris-Strasbourg ; grâce au télégraphe optique, il faut moins de 2 heures pour transmettre un message entre ces deux villes.

Signaux de fumée et tam-tam

Les Indiens d'Amérique, entre autres, communiquent par des signaux de fumée... Le tam-tam, en Afrique ou ailleurs, est également l'un des premiers moyens de communication à distance. Ce sont les Grecs de l'Antiquité qui utilisent pour la première fois des signaux visuels codés. Les Romains, quant à eux, mettent en place un système de relais sous forme de torches disposées sur des tours dispersées dans l'empire : on en compte 1 200 en Italie, autant dans les Gaules, et 500 en Asie. Les torches sont allumées pour signaler tout danger, comme la présence de troupes ennemies par exemple.

Le télégraphe optique

Sous la Révolution française, le pays a besoin d'un système de communication pour transmettre rapidement et discrètement des informations. Claude Chappe se souvient que dans son enfance, jouant dans le jardin familial, il correspondait à distance avec son frère grâce à un système de bâtons articulés disposés selon un code connu d'eux seuls. À partir de cette idée, il fait un premier essai à plus grande échelle. Les bras articulés, placés au sommet de hautes tours, peuvent prendre 196 positions différentes, chacune correspondant à une lettre, un chiffre ou un mot. Tous les 30 km, on installe un télégraphe optique ; à chaque relais, un opérateur observe le poste précédent avec une longue vue et reproduit le message pour le relais suivant. Le frère de Chappe, membre de l'Assemblée législative, fait adopter le système après un essai officiel en 1793. Mais cette invention se heurte à la méfiance populaire, et plusieurs machines de Chappe sont brisées ou brûlées.

Aux États-Unis, les cavaliers du légendaire Pony Express sont peu à peu dépassés par le "fil qui chante", qui permet de transmettre les messages de façon beaucoup plus rapide et plus sûre...

Des câbles sous la mer

La technique des câbles sous-marins de communication est une invention de l'Irlandais O'Shaughnessy qui, en 1839, réussit à transmettre un message télégraphique d'une rive à l'autre du Gange, en Inde. Le premier câble transatlantique est déroulé entre le Canada et l'Irlande en 1857 (*à droite*). Il s'agit toujours d'un câble télégraphique, car le téléphone n'a pas encore été inventé. En 1986, un câble téléphonique d'une longueur de près de 15 000 km est installé entre Marseille et Singapour, *via* le canal de Suez. Il achemine 16 000 communications en permanence .

Le télégraphe électrique

Le télégraphe optique a l'inconvénient de ne pas fonctionner la nuit ni par mauvais temps, s'il y a du brouillard notamment. Ce handicap disparaît avec l'invention du télégraphe électrique, qui est installé pour la première fois en Angleterre en 1838. L'idée est dans l'air depuis 1753, mais le système le plus efficace date des années 1830 : il s'agit d'un aimant parcouru par un courant électrique que l'on peut interrompre à volonté. L'Américain Samuel Morse met au point un alphabet spécial, basé sur l'alternance entre l'absence et la présence de courant (*voir p. 31*). Aujourd'hui, le télégraphe (très concurrencé par le téléphone et Internet) est entièrement automatisé ; il permet même de transmettre des photos à distance.

Comme le montrent les expressions du visage des acteurs de ce film, en 1914, le téléphone est encore un objet rare et presque magique.

Les ancêtres du téléphone

C'est en 1667 qu'apparaît le premier "téléphone", sur une idée du physicien anglais Robert Hooke qui invente le téléphone à ficelle, fait d'un fil tendu entre deux cornets ! Cette invention est alors regardée comme un jouet. Plus d'un siècle s'écoule et, sous le règne de Louis XVI, le moine Dom Gauthey propose un moyen rapide pour communiquer à distance. Son procédé est basé sur la propriété qu'ont les tuyaux de ne pas disperser les ondes sonores. Il utilise la tuyauterie du palais de Chaillot et réussit à parler avec un interlocuteur situé à 800 m de là !

Course au brevet

En 1876, Bell dépose une demande de brevet pour son appareil, 2 heures seulement avant son compatriote, l'inventeur Elisha Gray ! Pourtant, au moment où son brevet est déposé, son appareil ne fonctionne pas encore ! Ce n'est que 3 semaines plus tard qu'il réussit à transmettre une phrase complète en s'adressant à son assistant qui travaille dans la pièce voisine : « Mr Watson, venez ici, j'ai besoin de vous. »

Plus tard, des tubes acoustiques se répandent dans les châteaux et demeures bourgeoises, sous forme de deux embouts en bois raccordés par un tuyau dont la longueur peut atteindre plusieurs dizaines de mètres.

Avec la fée électricité

Le téléphone tel que nous le connaissons est apparu au XIXe siècle. L'un de ses inventeurs, Alexander Bell, est un Écossais émigré aux États-Unis. Enseignant dans un établissement pour sourds-muets de Boston, il décide de construire une oreille artificielle pour rendre la faculté d'audition aux sourds. Il découvre que quand on parle, on émet des ondes sonores qui peuvent faire vibrer une tige métallique. Il construit un appareil qui traduit ces vibrations en signaux électriques. Ceux-ci sont transportés vers un récepteur où la transformation inverse est effectuée. Les premières conversations ainsi transmises laissent à désirer, et il faut écouter soigneusement pour saisir chaque mot. Mais le succès est immédiat.

Ce téléphone mural date de 1903.

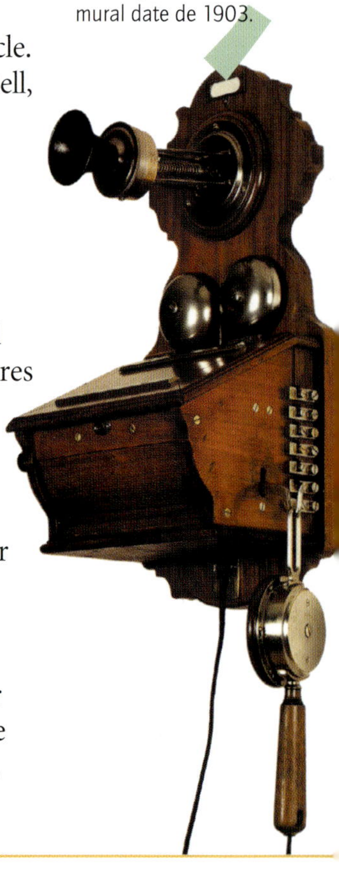

Longtemps, les communications téléphoniques sont établies manuellement. Une opératrice du central relève le numéro de l'appelant et celui de l'appelé, puis elle enfonce une fiche sur un tableau pour relier les correspondants.

Un succès fulgurant

Le téléphone utilise d'abord le réseau du télégraphe, mais il faut bientôt envisager la construction d'un réseau autonome. Entre 1880 et 1900, le téléphone est progressivement installé dans la plupart des grandes villes d'Amérique et d'Europe. Jusque dans les années 1920, les communications sont établies manuellement (*photo ci-desssus*). Par la suite, l'opération est mécanisée puis informatisée. L'invention du microphone, puis celle de la lampe électronique triode (*voir p. 179*) permettent d'amplifier les signaux affaiblis. Les réseaux peuvent alors s'étendre.

Toujours des progrès...

L'utilisation du codage numérique du signal (en système binaire, *voir pp. 18-19*) et des fibres optiques rend possible la transmission de communications plus nombreuses et de meilleure qualité. On peut même aujourd'hui s'envoyer des photos ou des vidéos par téléphone. Le progrès suivant est l'apparition des téléphones "mobiles", basés sur la création de réseaux "cellulaires". De n'importe où dans le monde, ou presque, on peut téléphoner avec un portable : le signal est transmis en ondes radio (*voir pp. 178-179*) soit à un satellite, soit à un émetteur terrestre qui couvre une certaine zone (cellule). De là, il est transféré au relais terrestre de la zone du destinataire de l'appel, puis il est dirigé sur le réseau téléphonique normal.

Les satellites de télécommunication

Dans les années 1960 commence l'ère des télécommunications spatiales : des satellites-relais électroniques reçoivent un message radio et l'amplifient avant de le restituer en direction d'un autre point de la planète. Mais les premiers satellites dits à "défilement" (comme le célèbre *Telstar*) ne sont utilisables que sur une courte durée, tant que les deux points à relier sont visibles par le satellite. Finalement, ce sont des satellites-relais placés en orbite géostationnaire, à 36 000 km d'altitude au-dessus de l'équateur, qui se révèlent être la meilleure formule, car ils restent fixes au-dessus d'un hémisphère. Ils sont utilisés depuis 1965. Aujourd'hui, plus d'une centaine de satellites de ce type relaient aussi bien des communications téléphoniques que des émissions de télévision.

Sur les ondes

Tout commence en 1864 lorsque le physicien anglais James Clerk Maxwell explique que la lumière n'est pas le seul rayonnement, et qu'il existe d'autres types d'ondes. Parmi elles, les ondes radio, grâce auxquelles on peut depuis un siècle émettre et recevoir des messages, des informations, de la musique...

Guglielmo Marconi et un de ses appareils. En 1909, il reçoit le prix Nobel pour ses travaux.

Préliminaires

En 1888, l'Allemand Heinrich Hertz démontre l'existence de ces ondes. Au bout d'une tige en métal, il place deux petites boules de cuivre écartées de quelques millimètres et fait passer du courant dans la tige. Une étincelle jaillit alors entre les boules ; à l'autre bout de la pièce, une autre étincelle est produite sur une installation semblable. Hertz vient non seulement de montrer qu'il est possible de transmettre l'électricité à travers l'air grâce à des ondes, mais aussi comment fabriquer ces ondes, que l'on va appeler "hertziennes" ou ondes radio. À Paris, le professeur de physique Édouard Branly invente le "cohéreur", qui reçoit des ondes radio et les transforme en signaux électriques. En Russie, l'ingénieur Aleksander Popov réalise une "antenne" en mai 1895.

Tout en un

Enfin, le physicien italien Guglielmo Marconi, émigré en Angleterre, fait la synthèse des travaux de ses prédécesseurs et fabrique le premier poste de radio. En juillet 1899, il réussit à transmettre des ondes radio d'un rivage à l'autre de la Manche. Un an plus tard, il fonde à Londres la première compagnie de télégraphie sans fil, la TSF. Avec sa radio, il peut envoyer des messages à un navire en mer et, en 1901, il réussit à transmettre par radio un message de l'autre côté de l'Atlantique.

Du morse à la voix

À l'origine, les messages transmis par radio sont en morse (*voir pp. 30-31*). Il faut attendre 1906 pour que l'on réussisse à transmettre les ondes sonores produites par la voix humaine ou par des instruments de musique. Le problème est que l'onde sonore ne va pas très loin ; il faut donc lui trouver un "moyen de transport" : ce sera l'onde radio. L'onde sonore est transformée en signal électrique par un microphone ; elle passe ensuite dans un émetteur qui lui fournit le support d'une onde radio "porteuse". Une antenne envoie ensuite le tout à un poste récepteur qui détecte les signaux électriques. Enfin, un haut-parleur retraduit ces signaux en ondes sonores.

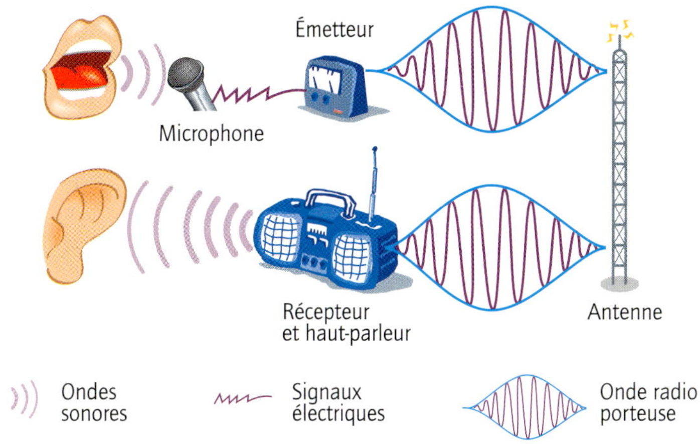

C'est par un court article du quotidien américain *New York Times*, relégué en dernière page avec les programmes de radio, qu'est annoncée en juillet 1948 l'invention du transistor, qui est pourtant une des grandes inventions du XXe siècle.

De la lampe au transistor

Les grands progrès de la radio sont dus à l'amélioration des détecteurs d'ondes, de plus en plus sensibles : d'abord les lampes diodes (mises au point par John Ambrose Fleming en 1904), puis les triodes (inventées par Lee De Forest en 1906). Mais l'innovation la plus importante est celle du transistor en 1947 ; il vaudra 9 ans plus tard à ses inventeurs, trois ingénieurs américains des laboratoires Bell, le prix Nobel de physique. Le transistor est petit, bon marché, et consomme peu d'énergie, trois qualités qui en font très vite l'élément de base de nombreux appareils : radios portatives (qui vont d'ailleurs s'appeler simplement "transistors"), lecteurs de cassettes, calculettes, ordinateurs, etc.

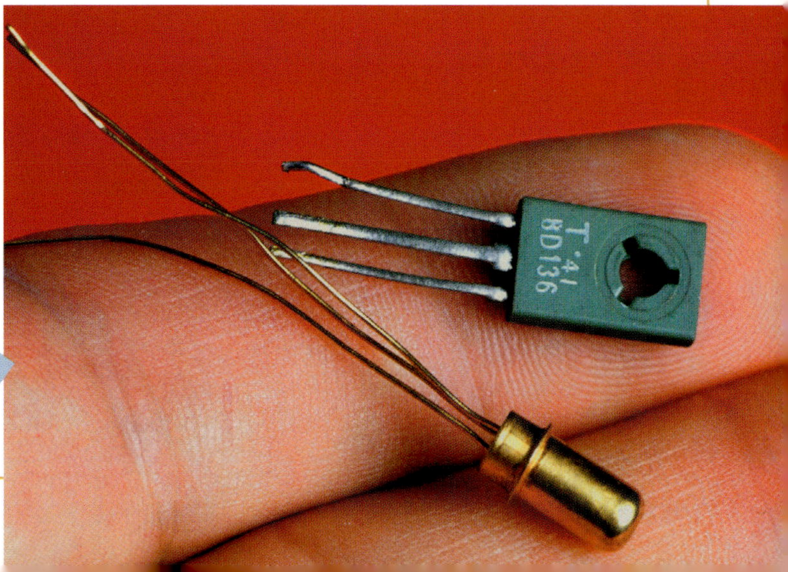

Informatique et ordinateurs

L'ordinateur du vaisseau spatial utilisé par les astronautes d'*Apollo* pour se poser sur la Lune en 1969 avait une capacité de mémoire inférieure à celle de la moindre calculette de poche actuelle... Mémoire de plus en plus importante, vitesse de travail de plus en plus grande et miniaturisation : depuis les débuts de l'informatique, les progrès ont été très rapides, et ce n'est pas fini...

De la "machine universelle"...

Il ne faut pas croire que l'ordinateur fait l'informatique à lui tout seul : les logiciels ont aussi un rôle très important, et sans eux le meilleur des ordinateurs ne servirait pas à grand-chose ! Au départ, la mission des ordinateurs comme l'ENIAC (*voir p. 19*) était d'effectuer des calculs très complexes. À partir de la fin des années 1940, on veut en faire des "machines universelles", dotées d'un programme unique capable de faire des opérations, mais aussi d'organiser un agenda, de classer des documents...

... à la "machine à penser"

Au milieu des années 1950 naît l'idée de créer des "machines à penser", fonctionnant sur le modèle de l'esprit humain. Le problème est que ce dernier utilise plutôt ce que les spécialistes appellent la "logique floue". Par exemple, sur une photo de groupe, n'importe qui sait repérer en une fraction de seconde un visage connu ; l'ordinateur, lui, va scanner le document, puis comparer un à un les visages à ceux qu'il a en mémoire. L'expression "intelligence artificielle" n'est donc pas réellement adaptée. Les informaticiens mettent alors au point des "systèmes experts" : on intègre à l'ordinateur le savoir d'experts humains. L'avantage est que la grande capacité de mémoire et l'extraordinaire vitesse d'exécution des ordinateurs permettent d'exploiter ces connaissances sans défaillance, en additionnant

Les super-ordinateurs comme ceux de la famille *Cray* (du nom de leur concepteur Seymour Cray) sont capables d'effectuer 6 millions de milliards d'opérations par seconde.

l'expérience de tous les spécialistes d'un domaine. Les systèmes experts ont déjà permis des réalisations dans les domaines de la reconnaissance des formes ou de la voix, l'aide au diagnostic en mécanique ou en médecine, l'aide à la décision, ou la robotique.

De plus en plus petits

Les progrès de l'informatique tiennent avant tout au remplacement du tube électronique par le transistor (*voir p. 179*), puis par le circuit intégré (ou microprocesseur) à partir des années 1960. Des millions de transistors et de composants électroniques sont "fichés" sur une plaque d'une surface inférieure à celle d'un timbre-poste. Grâce à ces "puces", les ordinateurs ont réduit de volume, si bien qu'aujourd'hui certains modèles tiennent dans la main ! Et leur puissance est bien supérieure à celle de l'ENIAC qui, lui, occupait une pièce entière !

Un ordinateur à la maison

Le plus célèbre des premiers ordinateurs domestiques est *Apple I*, né en 1976 de l'ingéniosité de deux jeunes Californiens, Steve Jobs et Steve Wozniak. En quelques mois, ils fabriquent dans le garage familial, un ordinateur facile à utiliser par les non-informaticiens. Ils sont à l'origine de bien d'autres innovations comme la souris ou les menus déroulants, disponibles dès 1984 sur le célèbre *Macintosh*. En 1981, la société IBM se lance à son tour dans ce créneau et commercialise le PC (*Personal Computer*), appellation devenue aujourd'hui nom commun.

Le "bug" informatique

En 1947, la première erreur informatique est due à un insecte (*bug* en anglais) coincé dans le culot d'une lampe des circuits de l'ordinateur *Mark II*, qui provoque un faux contact et une panne. C'est pourquoi on donne maintenant le nom de bug ("bogue" en français) à toute erreur dans le fonctionnement d'un programme informatique.

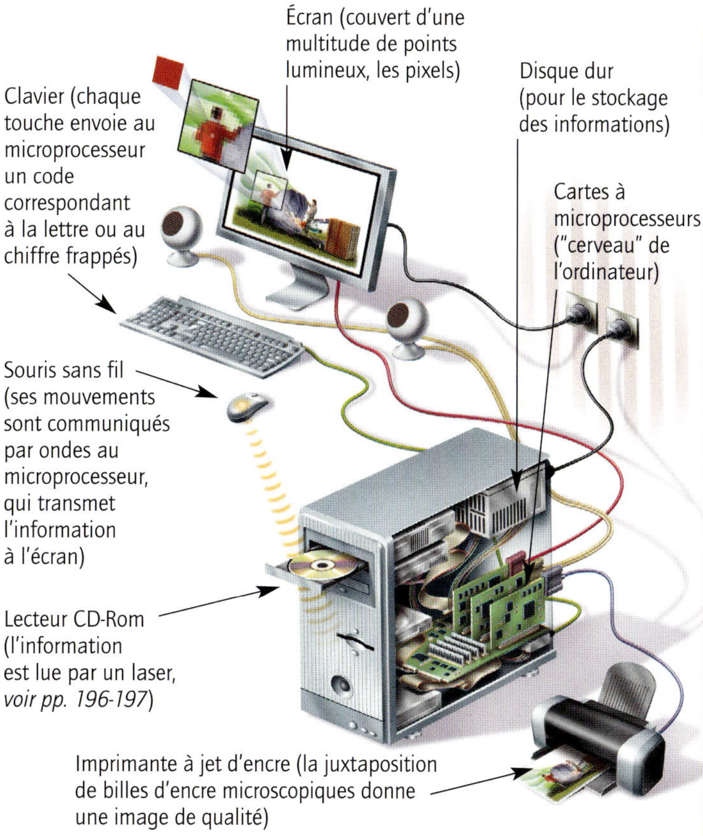

Le Net, toile planétaire

La grande originalité d'Internet, c'est qu'il n'est pas le produit d'un inventeur, ni le résultat d'une décision industrielle ou politique. C'est une série de mutations successives, qui se sont faites de façon désordonnée, en échappant à tout contrôle.

Grâce à Internet, ces jeunes Sénégalais des bidonvilles de Dakar sont connectés au reste du monde.

Ainsi est né Internet

Dans les années 1960, pendant la guerre froide, on estime que les réseaux centralisés de télécommunications sont trop vulnérables aux éventuelles attaques nucléaires et à l'espionnage par satellite. Les militaires américains conçoivent alors un système baptisé ARPANET. Des ordinateurs sont connectés entre eux, de façon à pouvoir s'échanger de l'information : ils forment ainsi un "réseau". Chaque "nœud" (point de liaison entre deux réseaux) est connecté à son voisin : on peut ainsi recevoir, émettre et retransmettre des messages, divisés en "paquets" de taille limitée, qui circulent de façon individuelle dans le réseau. En cas de rupture, ils peuvent à tout moment emprunter un autre chemin. Cette idée de réseau est reprise au début des années 1970 par la communauté scientifique américaine. Les universités ou centres de recherche ainsi interconnectés en découvrent alors les avantages, comme le courrier électronique.
À partir de 1982, des réseaux voient le jour en dehors des États-Unis.

La télématique

La télématique (mariage du téléphone, de la télévision et de l'informatique) apparaît en France et en Grande-Bretagne au début des années 1970 avec le système Vidéotex. Il permet de lire du texte et d'afficher des images fixes sur l'écran d'une télévision reliée à un ordinateur distant au moyen d'une simple ligne téléphonique. En 1982 est mis au point l'annuaire électronique, complété ensuite par de nombreux autres services d'information. Cette innovation a été conçue pour le grand public et non pour les seules universités. Elle a permis une initiation des non-informaticiens à la communication électronique devant un écran et un clavier.

Dans les années 1980, pour avoir accès à l'annuaire électronique, on utilise un Minitel. Son mode de fonctionnement relativement simple préfigure Internet.

"L'autoroute de l'information"

En 1991, à l'Organisation européenne de recherche nucléaire (le CERN) à Genève, deux ingénieurs anglais et belge créent le World Wide Web ("Web"). Cette sorte de "toile d'araignée" planétaire est la branche multimédia d'Internet : on n'échange plus seulement des messages d'un laboratoire à une université. Chacun peut désormais avoir accès à du texte, du son ou de l'image, grâce à un navigateur qui permet de se déplacer facilement parmi les différents sites. Pour trouver ceux-ci, quand on ne connaît pas d'avance leur adresse, il existe des moteurs de recherche qui sont des sortes d'annuaires automatiques.

Avec la création du Web, Internet se démocratise. En 2000, plus de 400 millions d'ordinateurs à travers le monde y étaient connectés, grâce à 157 millions de serveurs. Quel chemin parcouru depuis les 4 ordinateurs constituant le premier réseau ARPANET !

Simple comme bonjour ?

Quoi de plus simple que d'envoyer un e-mail ? On tape le message, on indique l'adresse, on clique sur "envoyer", et c'est parti ! Mais que se passe-t-il après ? Le texte du message est d'abord codé en binaire (une suite de 0 et de 1) ; puis il est transformé en signaux électriques par le Modem. Ces signaux empruntent la ligne téléphonique jusqu'au serveur du fournisseur d'accès qui connecte l'ordinateur de l'expéditeur à un ordinateur plus puissant. Là, une "étiquette informatique" est attachée au message, afin de pouvoir identifier sa source et sa destination. Ensuite, *via* le réseau téléphonique (câbles sous-marins, fibres optiques, satellites...), le message est transféré au serveur du fournisseur d'accès du destinataire. Quand celui-ci se connecte, son fournisseur transmet le message sous forme électrique à son Modem, où il est retraduit en code binaire, avant d'apparaître en texte sur l'écran.

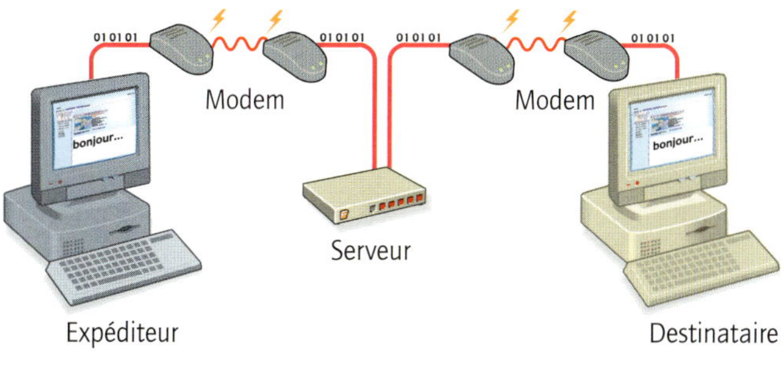

Un réseau sans fil

Le "Wi-fi", abréviation de l'expression anglaise *Wireless fidelity*, permet à un ordinateur d'accéder à Internet sans être relié à la prise téléphonique par un fil. La liaison se fait par ondes radio très courtes, identiques à celles des téléphones portables. On peut ainsi relier entre eux et sans fil des ordinateurs de poche, des mobiles, des téléviseurs ou des imprimantes.

Et vinrent les loisirs...

Nous sommes entrés, dit-on, dans la civilisation des loisirs, qui valorise le "temps libre" réservé aux distractions. Les loisirs prennent différentes formes selon les goûts de chacun : d'abord les vacances, bien entendu, mais également les voyages, les spectacles ou les concerts... En fait, cette civilisation des loisirs est née depuis bien longtemps. Les Romains de l'Antiquité vouaient déjà un culte à l'*otium* (le loisir), par opposition au *negotium* (les affaires)... La notion de vacances est cependant toute récente, et elle ne concerne que les sociétés industrialisées.

Faites vos jeux...

Dès leur plus jeune âge, tous les enfants du monde aiment jouer, parfois même avec pas grand-chose ! Autrefois, on ne s'amusait qu'avec les objets qu'on avait sous la main. Quant aux jeux de société, destinés à "tuer" le temps lors de périodes d'inactivité, ils sont si nombreux qu'il est impossible de les recenser tous. Surtout que l'on en invente de nouveaux chaque année…

Le hochet est le premier jouet du bébé. Les plus anciens que l'on ait retrouvés, en terre cuite, ont plus de 3 000 ans !
Les enfants de l'Antiquité avaient déjà des "poupées" et bien d'autres jouets, comme des billes en verre, des ballons, des cerceaux, ou des animaux en bois. Les adultes, eux, appréciaient les jeux de société : les deux plus connus étaient "le petit voleur", équivalant au jeu d'échecs actuel, et les "douze lignes" semblable au jacquet.
Les jeux les plus usités sont sans doute les jeux de cartes. Les jouets actuels, d'un prix souvent élevé, comportent de plus en plus d'électronique. Ils reproduisent, en taille réduite, des objets de la vie réelle : trains, voitures, avions, etc. C'est seulement depuis moins d'un siècle que le jouet est devenu une véritable industrie.

Quant aux jeux d'argent, ils sont plus anciens qu'on ne le croit puisque dès le règne de l'empereur romain Néron (de l'an 54 à 68) existe la loterie. Mais, à cette époque, tous les participants sont gagnants ! En fait, les billets sont des tablettes carrées qui portent toutes la mention d'un lot gagné. La loterie que nous connaissons date du XVIe siècle : les commerçants vénitiens et génois utilisent ce système pour écouler les marchandises invendues. En France, François Ier octroie à un certain Jean Laurent le droit de créer des loteries sous réserve de payer une taxe annuelle à l'État. La loterie devient alors un moyen d'accroître les finances publiques par un impôt volontaire, indolore... Tous les États d'Europe, à partir de 1660, adoptent cette formule. Depuis 2004, une même loterie réunit la France, l'Angleterre et l'Espagne.

Les poupées

Les premières remonteraient à la préhistoire et auraient été faites en terre cuite ! Dans l'Antiquité, elles sont en bois ou en ivoire jusqu'à ce qu'apparaissent les poupées en tissu vers 650 av. J.-C. Au XIXe siècle, elles sont en papier mâché, avec des yeux mobiles. Puis on les fabrique en cire, en chiffon, en porcelaine ou en Celluloïd. La célèbre Barbie, créée en 1959 par une société américaine, a été vendue à plus d'un milliard d'exemplaires à travers le monde !

Les cartes

Elles sont nées en Chine voilà environ 1 000 ans, et on en trouve en Perse au XIIIe siècle. En Europe, les premières sont fabriquées à Venise en 1370. Elles représentent la structure de la société féodale : roi, cavalier, valet... L'engouement est tel que de nombreux pays tentent de les interdire. Les familles varient suivant les pays : cœur, trèfle, carreau, pique pour la France ; feuille, grelot, cœur, gland pour l'Allemagne ; bâton, denier, coupe, épée pour l'Italie et l'Espagne. C'est vers 1830 que sont inventées les cartes à deux têtes, système qui s'impose rapidement.

Le jeu d'échecs

Originaire d'Inde, il est inventé vers l'an 500. On y joue alors à quatre (2 équipes de 2 joueurs), avec 4 pièces et 4 pions, et un dé que l'on lance. Les Perses puis les Arabes s'en inspirent et, dès le VIIIe siècle, Charlemagne possède un échiquier comparable à celui que nous connaissons : le roi, la reine, le fou, le cavalier, la tour et les pions composent les 32 pièces disposées sur les 64 cases. On y joue maintenant à deux.

Le puzzle

Cette image, collée sur un support rigide et découpée en une multitude de figures irrégulières que l'on doit réassembler, apparaît en 1760 en Angleterre. À l'origine, c'est un jeu éducatif, qui permet d'apprendre la géographie puis l'histoire (notamment avec les portraits des rois).

Le jeu de dames

D'origine égyptienne, il date de 1200 avant notre ère. Ce sont les Arabes qui l'ont introduit en Europe. Il connaît un grand succès au Moyen Âge sous le nom de "jeu du moulin". Les règles actuelles ont été fixées en 1753.

Les dominos

Grecs, Hébreux, Chinois... tous ont joué à un jeu qui ressemble aux dominos actuels. Arrivé en Europe au XVIIIe siècle, ce jeu est alors très prisé des classes aisées de Naples et de Venise. Les dominos les plus anciens, datant de 2450 av. J.-C., ont été trouvés en Mésopotamie et sont faits en os.

Les Lego

La firme est créée en 1932 par le Danois Ole Kirk Christiansen, un menuisier qui fabrique des jouets en bois. Le nom n'est déposé qu'en 1934 ("Leg Godt" qui signifie "joue bien"). Les briques Lego ont été inventées en 1949.

Le jeu de l'oie

Le plus ancien connu est un plateau de bois gravé provenant de Venise et datant de 1640. Louis XIII, Louis XIV et même Napoléon Ier y ont beaucoup joué... enfants.

Le Scrabble

C'est un architecte new-yorkais au chômage, Alfred Butts, qui invente ce jeu en 1931, en mélangeant des règles provenant de jeux déjà existants. Cette invention n'est commercialisée qu'en 1948. Elle arrive en Europe vers 1960 après quelques transformations pour l'adapter aux différentes langues.

Le Monopoly

Il est inventé aux États-Unis au moment de la crise de 1929 par Charles B. Darrow, ingénieur au chômage. Il consiste à louer, à acheter, ou à vendre des immeubles. Dès 1935, avec 20 000 jeux produits par semaine, son succès est phénoménal. Aujourd'hui, le Monopoly est décliné en 26 versions et vendu dans plus de 40 pays !

Jeux de fruits !

Déjà dans la Grèce antique, on joue aux billes et aux osselets, mais on les remplace souvent par des glands ou des olives !

Garder la forme !

C'est dans la société anglaise du XIXe siècle qu'apparaît la notion de sport, en tant que pratique d'exercices physiques pour la détente ou l'amélioration de la santé. De cette époque datent la plupart des sports pratiqués aujourd'hui en équipe.

Le football

Voilà 4 000 ans, en Chine et au Japon, des groupes d'hommes jouent déjà autour d'une boule en cuir. Les Grecs et les Romains pratiquent également des jeux de ballon où les pieds et les mains sont autorisés. Puis au Moyen Âge apparaît la "soule", un étonnant mélange de football, de rugby et de catch. C'est à la fin du XIXe siècle que naît en Angleterre le football tel que nous le connaissons. Ses règles sont fixées en 1863 dans une taverne de Londres ! Mais elles évoluent encore, puisque depuis l'an 2000, le gardien de but n'a que 6 secondes pour remettre le ballon en jeu.

Mieux que la politique !

La Fédération mondiale de football compte plus de pays membres (205) que les Nations unies (191) ! La Coupe du monde est, avec les Jeux Olympiques, l'événement sportif qui attire le plus grand nombre de téléspectateurs.

Le basket-ball

Au début de l'hiver 1891, James Naismith, professeur d'éducation physique dans un centre de formation des États-Unis, doit résoudre un problème : plusieurs semaines d'intempéries continues rendent impossible la pratique de sports en extérieur, et ses élèves sont fortement indisciplinés. On le charge de trouver une nouvelle activité. Il a l'idée de créer un sport adapté au manque de place, où l'habileté doit l'emporter sur la force et la rapidité. Sur le tableau du gymnase, il affiche les règles qui consistent à lancer un ballon à travers un panier placé à 3 m de hauteur : le basket-ball est né.

Le rugby

Il tient son nom... d'un collège ! Tout commence à l'automne 1823 sur le terrain de football du collège de Rugby (au centre de l'Angleterre), quand William Ellis, un jeune élève de 16 ans, prend le ballon à pleines mains pour aller le déposer derrière la ligne de but adverse ! La légende dit même qu'il l'a serré si fort que le ballon est devenu ovale... Le rugby est né, mais n'est codifié qu'en 1846. William Ellis est par la suite entré dans les ordres. Le premier tournoi, réunissant quatre nations (Angleterre, Écosse, Irlande et pays de Galles) s'est joué en 1884.

Long, long...

Si les adversaires sont de qualité, une partie de ping-pong peut durer très longtemps : en 1936, à Prague, il faut interrompre la rencontre entre un Roumain et un Français parce qu'elle dure depuis près de 8 h ! Le vainqueur est désigné à pile ou face ! Autre exploit : un Roumain et un Polonais ont joué pendant 2 h 12 avant qu'un seul point soit marqué !

Le tennis

En 1874, le major Walten Clopton Wingfield, retraité de l'armée des Indes, fait breveter un jeu inspiré du jeu de paume français sous le nom de *Spairistike* (art de la balle, en grec). Trois ans plus tard, ce sport devient le *lawn-tennis* (tennis sur gazon), puis tout simplement tennis qui vient de l'injonction "Tenez !", lancée par le joueur qui sert au jeu de paume.

Le ping-pong

Le son de la balle frappant la table et celui émis par la raquette sont à l'origine de l'onomatopée "ping-pong". Officiellement, on parle de "tennis de table", jeu inventé en Angleterre à la fin du XIXe siècle. À l'époque, on utilise une balle de caoutchouc et une planche sert de filet. Quant aux raquettes, elles ressemblent à celles d'aujourd'hui, sans le revêtement en caoutchouc mousse qui date seulement de 1951. En 1890, un ingénieur anglais découvre des balles plus légères, en plastique Celluloïd, et décide de les utiliser.

Le golf

Son ancêtre, le jeu de kolf, d'origine hollandaise, date du Moyen Âge. Les navigateurs écossais le découvrent lors de voyages au XIIIe siècle et le rapportent dans leur pays. Son succès est tel que cela inquiète les autorités qui, à l'époque, encouragent plutôt le tir à l'arc afin de disposer d'hommes capables de défendre le pays. En 1457, le roi d'Écosse, Jacques II, interdit donc la pratique du golf, mais l'engouement ne faiblit pas et la loi finit par tomber en désuétude deux siècles plus tard. D'autant que le souverain d'alors est devenu un fervent adepte de ce sport !

Le judo

En 1882, Jigoro Kano s'inspire d'un constat fait par un moine japonais pour créer une nouvelle discipline : le judo. Ce moine a observé que les branches d'arbres réagissent différemment : les plus grosses cassent sous le poids de la neige, alors que les plus souples plient. Dans son enseignement, Kano allie l'harmonie du corps et de l'esprit et ajoute la spiritualité à la technique. Pour lui, l'efficacité résulte de cet équilibre entre corps et esprit. À l'origine, le judo est donc surtout une philosophie. D'ailleurs, les deux idéogrammes *ju* et *do* représentent respectivement la souplesse et la voie.

Le karaté

En Chine, les souverains de la dynastie Ming (1368-1644), craignant des révoltes, bannissent les armes et soumettent même les instruments agricoles à une stricte réglementation.
Les paysans, souvent agressés, apprennent alors, en secret, des techniques d'autodéfense et le kempo, une méthode de combat à mains nues. De là naît une pratique qui reste secrète jusqu'en 1902, et qui est baptisée karaté (la main vide) vers 1930. Comme le judo, c'est non seulement un art martial mais aussi une voie de développement de la personnalité.

La boxe

Des fresques vieilles de 3 000 ans ont été découvertes en Irak où l'on voit des lutteurs s'affrontant aux poings, les mains enveloppées dans des lanières de cuir ! Dans la Grèce antique, on pratique le pugilat, combat à poings nus introduit aux Jeux Olympiques de 688 av. J.-C. En 1743, un champion anglais, Jack Broughton, édicte les règles qui vont faire de la boxe un sport. Une charte définitive est rédigée en 1865 par un journaliste : rounds de 3 minutes, délai de 10 secondes accordé au combattant à terre pour se relever et, surtout, port de gants obligatoire. La zone de combat est délimitée par un cercle, d'où le nom de "ring" (anneau, en anglais) donné à cet espace, qui est aujourd'hui... carré !

Pyjama ou kimono ?

Comme, à l'origi
les leçons de kara
se donnent la nuit
par souci de discréti
les élèves sont alors
vêtus de leur pyjama
d'où l'origine du mot
kimono.

Les sports d'hiver

Le plus ancien ski – une simple planche en bois de 1,10 m de long – a été trouvé en Suède : il a été fabriqué voilà 4 500 ans ! Aujourd'hui, les skis sont en aluminium ou en carbone pour être les plus performants possible. Avant de disposer des téléphériques, les skieurs se hissent aux sommets des pistes à dos de mulet, puis avec des moyens mécaniques tels que les funiculaires. Comme ce sont des appareils coûteux à exploiter, on invente les télésièges puis les télécabines. Pour alléger les structures, l'idée s'impose ensuite de tirer simplement les skieurs sur une luge ou un traîneau, au moyen d'un câble. On finit par supprimer luge et traîneau pour tracter le skieur accroché à une perche.

Tout nu !

Selon la légende, lors des Jeux Olympiques de 720 av. J.-C., un coureur du nom d'Orsippos a perdu son pagne pendant la course. Comme il a gagné, sa victoire a été attribuée à sa nudité. À dater de ce jour, les athlètes grecs ont décidé de courir nus lors des Olympiades.

Le surf

Quand un beau jour de 1778, le capitaine Cook jette l'ancre dans la baie de Kealakekua, aux îles Sandwich, il remarque que les indigènes polynésiens s'amusent à glisser sur les vagues, debout sur de longues planches taillées dans un tronc d'arbre. Les indigènes appellent cela le *He e'nalu*, ce qui signifie "glisser sur la vague et se fondre avec elle". Cette pratique permet de distinguer les plus vaillants.

La planche à voile

Plusieurs personnes ont eu l'idée de cette invention, qui semble être finalisée dans les années 1960 par deux surfeurs californiens en assemblant une planche de surf et une voile. Ils inventent ensuite la dérive et le wishbone, donnant à la planche à voile sa forme définitive. Ce nouveau sport, considéré d'abord comme un gadget pour l'été, compte aujourd'hui plus de 15 millions d'adeptes dans le monde. Le record de vitesse est détenu par le véliplanchiste irlandais Finian Maynard, avec 85 km/h.

Au son de la musique

Le meilleur CD de musique ne remplacera jamais le son et l'ambiance d'un concert donné en salle par un orchestre symphonique. Sous la direction d'un chef d'orchestre, placé au centre de la scène, plusieurs centaines de musiciens sont parfois rassemblées pour jouer sur toutes sortes d'instruments, mariant harmonieusement les bois, les cordes, les cuivres et les percussions.

Nombre idéal ?
Pour le compositeur Hector Berlioz, l'orchestre idéal devait regrouper 467 musiciens. Le record est de 2 000 intrumentistes pour un concert dirigé par Johann Strauss à Boston en 1872.

La flûte
À l'origine, il y a 20 000 ans, ce n'est probablement qu'une modeste tige de roseau. Les premières, fabriquées par nos ancêtres du néolithique, sont de simples tibias de mouton percés de trous. La flûte à bec est surtout utilisée à partir du Moyen Âge, et la traversière à partir du XVIIe siècle.

La clarinette
En transformant le "chalumeau" français médiéval, l'Allemand Jean-Christophe Denner crée, en 1690, un instrument d'orchestre devenu incontournable avec Jean-Philippe Rameau (1683-1764) en France, et Antonio Vivaldi (1678-1741) en Italie. Elle a pour ancêtre l'arghoul de l'Égypte ancienne, et l'aulos grec.

La trompette
Un exemplaire en bronze du IIe millénaire a été retrouvé en Égypte. Droite à l'origine, elle est recourbée au XVe siècle.

Le cor
Il appartient à la famille des "cuivres". Il est d'abord utilisé pour la guerre, puis pour la chasse. Dans l'Antiquité, il est taillé dans des défenses d'éléphant et, au Moyen Âge, dans des cornes. Alexandre le Grand, dit-on, possédait un cor métallique dont le son portait à près de 20 km !

L'orgue
Les plus anciennes, fabriquées à Alexandrie, remontent à 200 av. J.-C. L'orgue est alors hydraulique ; puis, à partir du XIIe siècle, pneumatique. Le son est produit par un grand nombre de tuyaux verticaux (jusqu'à 7 000), mis en vibration par une soufflerie. Des soupapes, actionnées à partir d'un clavier semblable à celui d'un piano, libèrent le souffle qui fait alors résonner les tuyaux.

La harpe
Les plus vieilles ont été trouvées dans les ruines de la ville de Ur, une des plus anciennes cités, située en Mésopotamie.

Cet instrument a donc 5 000 ans d'existence. Délaissée, la harpe est réapparue vers 1660.

Le violon

Le rebec, la vielle, la viole et la lyre à bras sont les ancêtres du violon, avant son apparition en Italie au début du XVIe siècle. C'est là que l'art des luthiers, notamment celui d'Antonio Stradivari (dit Stradivarius), le porte à son apogée. En 1680, ce dernier donne sa forme définitive au violoncelle, avec un son grave et émouvant, descendant de la viole de gambe également née en Italie.

Le tambour

Le tambour primitif est une simple peau de mouton tendue sur une cruche sans fond, dont le rôle est de faire caisse de résonnance. Son origine est contemporaine de la poterie et remonte ainsi au néolithique. Il est présent sur tous les champs de bataille de l'époque napoléonienne, ou encore de la guerre de 1870.

La guitare

Elle est méditerranéenne, et on en trouve une représentation sur un bas-relief à Thèbes (Égypte). Égyptiens et Grecs la nomment *kithara*, les Chaldéens *chetarah* et les Arabes *gitara*. Son nom actuel vient du persan *ki-tar* qui signifie "trois cordes". La guitare est utilisée en France au XIe siècle par les troubadours du duc d'Aquitaine. Le démantèlement de ce duché au XIIIe siècle entraîne la dispersion des guitaristes dans toute l'Europe. La guitare espagnole, à cinq cordes, n'apparaît qu'au début du XVIe siècle. C'est le luthier espagnol A. de Torres qui crée la guitare moderne, vers 1850.

Le piano

Inventé en 1698, ses ancêtres sont le clavicorde et l'échiquier, où les cordes sont frappées par des marteaux commandés à partir d'un clavier. Le piano à queue est inventé en 1711 par l'Italien Cristofori, le piano droit date de 1758.

Le son restitué

Depuis le XVIIe siècle, on sait que les sons correspondent à des vibrations de l'air. Les produire n'est donc pas difficile. En revanche, les conserver et les reproduire le fut davantage.

Thomas Alva Edison (1847-1931) et son phonographe, à Washington en avril 1878.

Phonographe et gramophone

En 1807, Thomas Young a l'idée d'enregistrer ces vibrations sur du “noir de fumée”. En 1857, Léon Scott de Martinville imagine un procédé capable « d'écrire et de dessiner par le son ». Cet appareil, appelé phonautographe, permet d'enregistrer les vibrations provoquées par la voix et par la musique. Mais pas de réécouter les sons ! Dans un pli cacheté déposé à l'Académie des sciences, Charles Cros décrit un dispositif qui enregistre et reproduit les sons. C'est pourtant Thomas Edison qui dépose, fin 1877, le brevet d'un appareil dénommé “phonographe”. Il parvient à graver près de 2 minutes de vibrations sonores sur une feuille d'étain recouvrant un cylindre tournant. À partir de 1881, on utilise un cylindre en carton recouvert de cire, matière tendre qui se laisse graver plus facilement. Six ans plus tard, Emil Berliner dépose un brevet pour le “gramophone”. Les disques sont alors fabriqués avec un métal appelé “shellac” ; ils ont 5 minutes de capacité à 78 tours par minute.

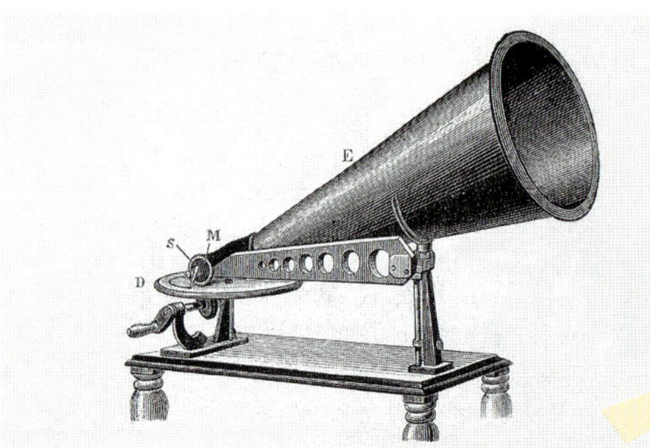

Fig. 26. — Le Gramophone de Berliner.

Le gramophone utilise un disque en zinc, recouvert de cire.

Disques et tourne-disques

À partir de 1904 et grâce à Emil Berliner, le disque remplace le cylindre. L'industrie du disque se développe alors rapidement. Réputé incassable, contrairement au fragile cylindre de cire, le disque en gomme-laque permet 12 minutes de son par face. Le premier disque microsillon en PVC (ou vinyle), invention de Peter Goldmark, un Américain d'origine hongroise, apparaît en 1948. Son sillon est trois fois plus fin que celui du 78 tours. Les sillons sont si serrés que l'on en compte jusqu'à 14 sur seulement 1 mm de large. Le disque à 33 tours par minute s'impose après la Seconde Guerre mondiale ; il contient 20 min de musique par face. Le *Concerto pour violon* de Mendelssohn, une comédie musicale, et la *Quatrième Symphonie* de Tchaïkovski sont les premiers sous ce standard, qui s'impose pendant plus de 40 ans.

La percée du laser

L'histoire du CD audio commence au tout début des années 1970, quand la société néerlandaise Philips cherche à créer un disque à lecteur laser pour diffuser des images vidéo. Face aux problèmes techniques soulevés, la firme décide de séparer audio et vidéo et présente, en 1979, son disque compact à lecture par faisceau laser. Associée à Sony, elle commercialise alors le compact disc, ou CD, qui séduit par sa solidité, sa facilité d'emploi et la clarté du son. Sur ce nouveau support, le traditionnel sillon est remplacé par une multitude de microcuvettes (on en compte 4 millions pour une seconde de musique !) qui sont lues par un mini-faisceau laser. Le disque compact mesure 12 cm de diamètre et peut conserver jusqu'à 1 heure de musique sur une seule face, ce qui représente au final une spire continue de près de 5 km de long !

Le mot magnétophone est un nom de marque, car en 1936 la firme AEG-Telefunken (Allemagne) a baptisé l'appareil *Magnetophon*. Après la Seconde Guerre mondiale, il sert dans les stations de radio sous le nom de *Blattnerophone*, mais il faut 3 km de bande pour 1 heure d'enregistrement !

Du fil à la bande

Inventé en 1898, le magnétophone est d'abord utilisé comme "répondeur" pour enregistrer les conversations téléphoniques. Son inventeur, Valdemar Poulsen, employé des téléphones danois, utilise une corde à piano enroulée sur un cylindre. En défilant devant un électroaimant, elle reçoit une aimantation variable suivant les paroles prononcées devant un micro. Mais la qualité sonore de ce "télégraphone" est médiocre, et l'écoute ne se fait qu'au casque. Comme on ne sait pas encore amplifier le signal électrique, le son de l'appareil est trop faible pour enregistrer de la musique. Puis ce fil métallique est remplacé par un long ruban de matière plastique recouvert d'oxyde de fer, mais celui-ci doit défiler à 6 km/h devant les têtes magnétiques pour reproduire le son correctement ! Durant la Première Guerre mondiale, la marine allemande se sert de magnétophones à bandes pour transmettre des messages codés, en effectuant une transmission accélérée et une lecture au ralenti. En Angleterre, la Royal Navy les utilise comme système d'écoute, afin de capter le bruit des sous-marins ennemis.

Cassettes

En 1963, Philips propose le premier magnétophone à cassettes. Dans de nombreux pays, surtout dans le tiers-monde, la cassette est encore un des articles les plus vendus. La cassette DAT (*digital audio tape*), apparue chez Sony en 1986, est un support sonore numérique utilisé par les professionnels. Elle n'a pas réussi à détrôner le CD.

L'image emprisonnée

Fais l'expérience suivante : dans une boîte fermée, perce un trou par lequel la lumière entre. Sur la face opposée remplacée par un calque, tu obtiendras l'image du paysage extérieur...
Quatre siècles avant notre ère, le philosophe grec Aristote connaît déjà cette particularité de la "chambre noire", que Léonard de Vinci reprend en parlant de *camera oscura*, d'où le nom de caméra donné dans certaines langues à l'appareil photographique.

Du sténopé à l'appareil numérique

Car l'appareil photo n'est pas autre chose que ce dispositif (appelé aussi "sténopé"), dans lequel une lentille est insérée dans le trou pour améliorer la qualité de l'image. Encore faut-il "fixer" l'image ainsi projetée sur un support. Marcus Vitruve, l'architecte de Jules César, avait déjà remarqué que le soleil agit sur la coloration de certains corps organiques. Les alchimistes du XIIIe siècle font le même constat avec le noircissement des sels d'argent exposés à la lumière, et ils les utilisent pour teindre l'ivoire, le bois, et même les cheveux !
Vers 1750, la "pierre infernale" (le nitrate d'argent) mélangée à de la craie permet d'obtenir des images rudimentaires à l'aide de masques en forme de lettres. Reste à associer le support photo à la chambre noire.

Des débuts prometteurs

C'est ce que fait Nicéphore Niepce. Cet ancien militaire de carrière, réformé pour raisons de santé, cherche à reproduire des images mais ne sait pas dessiner. En 1822, il réussit à fixer une image sur du papier enduit de chlorure d'argent et placé au fond d'une chambre noire. Niepce teste d'autres substances chimiques et différents supports : il retient finalement le bitume de Judée déposé sur une plaque de cuivre, mais cette "pellicule" n'est pas d'une grande sensibilité et nécessite 8 heures de pose !

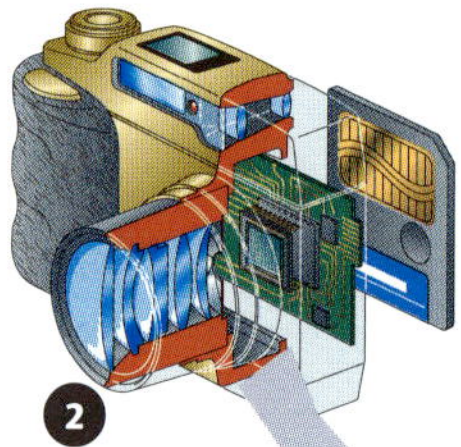

L'appareil "reflex", d'abord "argentique" ① puis "numérique" ②, est devenu une merveille de technologie.

Première photo au monde, prise par Nicéphore Niepce.

Autre inconvénient : l'image obtenue blanchit sous l'effet de la lumière du jour et finit par disparaître. Les dessinateurs et les peintres, craignant d'abord de perdre la clientèle de gens aisés qui leur commande de nombreux portraits, raillent ces premiers "photographes" qui exigent de leurs clients de rester des dizaines de minutes sans bouger...
Mais la technique s'améliore, avec des lentilles plus lumineuses et des émulsions plus sensibles. De nombreux peintres, graveurs, dessinateurs ou caricaturistes s'improvisent alors photographes et ouvrent boutique.

Instantané !
En 1947, l'ingénieur américain Irwin H. Land rêve d'avoir un appareil qui fasse directement des photos, sans avoir recours à un laboratoire. Principe : le chargeur de l'appareil contient à la fois le film et les produits chimiques nécessaires à son développement. Lorsque son procédé est au point, il le propose à Kodak, qui le refuse... Vingt ans plus tard, 10 millions de Polaroid à développement instantané ont été vendus dans le monde !

George Eastman, en 1925, photographiant un explorateur des terres polaires .

Pour le plus grand nombre

En parallèle se développe un nouveau marché, celui de la photo amateur. À partir de 1888, tout le monde peut devenir photographe, grâce au premier appareil "Kodak". Le mot est inventé par l'Américain George Eastman, qui veut un son inconnu, mais qui puisse être facilement mémorisé. Il a surtout la bonne idée de vendre de petites boîtes en bois munies d'un objectif simple, et préchargées d'un rouleau de 100 photos. Finies les plaques de verre encombrantes, fragiles, lourdes et chères ! Arrivé au bout du rouleau, on envoie la boîte à l'usine, et la société Eastman expédie en retour les tirages et l'appareil rechargé. L'objectif, peu lumineux, ne permet pas de prise de vue en intérieur, mais le diaphragme (ouverture circulaire de diamètre réglable, qui permet de contrôler l'intensité de la lumière entrant dans l'appareil) assez fermé dispense de mise au point. Le premier appareil photo "compact", utilisant le format 24x36, apparaît vers 1940 et devient le grand standard de la photo commerciale. Il utilise une pellicule 35 mm, comme celle du cinéma. Au même moment, sortent les premiers films pour la photo en couleurs.

Le règne de l'image

Comme la radio, la télévision n'a pas eu un seul père. Son histoire commence en 1873 avec l'Américain Carey, qui a l'idée d'utiliser les propriétés photoélectriques d'un corps appelé sélénium. Encore faut-il pouvoir "balayer" l'image pour la reproduire ensuite à distance.

Le canon à électrons

Ce premier système est inventé par le Français Constantin Senlecq. Mais le progrès décisif intervient en 1884, quand l'étudiant allemand Paul Nipkow utilise un disque percé de trous disposés en spirale, qui s'interpose entre l'image éclairée et une cellule photoélectrique. Puis c'est l'invention du premier "tube à images" par Karl Braun et du "canon à électrons" par Arthur Wehnelt, en Allemagne. En cette fin du XIXe siècle, les bases techniques de la télévision sont posées. Il reste à les mettre en pratique… ce que fait le physicien russe, émigré aux États-Unis, Vladimir Zworykin, en présentant son "iconoscope", le premier véritable tube-écran de télévision, breveté en 1923.

Téléviseur anglais datant de 1949, avec le montage d'une image de la première speakerine française.

Premiers programmes

Les premières émissions sont diffusées en 1932 en Angleterre. Ce n'est encore qu'une petite image en noir et blanc de médiocre qualité, composée de 30 lignes, reçue sur un "Televisor". Le balayage de ces images est mécanique, et non électronique comme aujourd'hui. Quelque 3 000 passionnés regardent cette "petite lucarne" pour voir et entendre les chanteurs et les acteurs les plus connus de Grande-Bretagne. Le service, interrompu avec la guerre, reprend en 1946. Aux États-Unis, la firme CBS propose des émissions en couleurs à partir de 1950. Autre grande étape de la retransmission télévisée : la Mondovision. Dans la nuit du 10 au 11 juillet 1962, des échanges d'images sont effectués en direct par-dessus l'Atlantique, entre les États-Unis et une antenne située à Pleumeur-Bodou (Bretagne). Désormais les téléspectateurs vont pouvoir suivre en direct des événements, où qu'ils se déroulent dans le monde. La télévision a rétréci la planète...

Naissance du cinéma

En 1888, à Londres, le Français Louis le Prince dépose le brevet d'un appareil qui fait des photos en continu. La même année, le physiologiste français Étienne-Jules Marey lance un débat : quand un cheval galope, y a-t-il un moment où il est suspendu en l'air, sans qu'aucun sabot ne touche le sol ? Pour le savoir, Muybridge, un photographe californien, dispose 12 appareils photo côte à côte, qui se déclenchent lorsque les pattes du cheval coupent des fils tendus en travers de la route. Sur ces "photogrammes", on voit nettement qu'aucun membre ne touche le sol pendant une partie de la foulée. Muybridge accumule près de 20 000 négatifs pour décomposer divers mouvements. Marey décide d'utiliser cette technique, mais en superposant les phases du mouvement sur une même image. C'est la "chronophotographie", ancêtre de la caméra de cinéma. Les Frères Lumière vont perfectionner et commercialiser ce cinématographe.

Studio de ARTE, la chaîne franco-allemande.

L'ère de la vidéo

John Baird, pionnier anglais de la télévision, est le premier à essayer en 1929 d'enregistrer des images de télévision sur un disque. Mais les premiers magnétoscopes vont utiliser des bandes magnétiques, comme les magnétophones.
En 1956, plusieurs heures tiennent sur une bande, logée dans une cassette en matière plastique, mais il faut la rembobiner ou la faire défiler pour accéder aux divers points de l'enregistrement. Pour les magnétoscopes de salon, sont mises au point en 1970 des cassettes plus maniables, de format standard, permettant plusieurs heures d'enregistrement. Après une guerre commerciale entre plusieurs formats, le système VHS se généralise en 1975. Les choses sont plus faciles avec le DVD qui, comme le CD pour les sons, permet d'accéder tout de suite à n'importe quelle partie de l'enregistrement. En 1980, une caméra avec magnétoscope incorporé utilisant des cassettes plus petites qu'un paquet de cigarettes est mise sur le marché : c'est le premier Caméscope. Les caméras vidéo grand public sont présentées en 1983, et concurrencent rapidement le cinéma d'amateur au format 8 mm et super-8.

Le zappeur

Le premier appareil de télécommande est mis au point en 1960 à Nuremberg (Allemagne) par la société Grundig. Il permet de régler les paramètres du téléviseur (son, luminosité, chaîne...) grâce à un simple boîtier tenu dans la main. La commande se fait alors par ultrasons, et maintenant par rayons infrarouges. Ces "zappeurs", conçus pour aider les personnes handicapées, ont révolutionné la façon de regarder la télévision. Aujourd'hui, ces petits appareils sont d'une grande complexité, permettant une foule d'actions à distance, et même des actions interactives sur les chaînes numériques.

Index

A

acier 135
acupuncture 158
ADN 127
aéroglisseur 83
aérophore 87
agriculture **38-39**
alarmes 141
alcools 149
alimentation **146-147**, 152
almanachs 15
alphabets 167
ampoule électrique 29
anémomètre 27
anesthésie 162
antenne 178, 179
antibiotiques 159
appareil photo **198-199**
araire 38
arbalète 108
arc 108
architecture **72-73**, **130-131**, 133
Argos, balise et système 85
armes 29, 31, **108-109**, **112-113**
  bactériologiques 121
  chimiques 113, **121**
  nucléaires (ou atomiques) 48, 119, **120**
ARPANET 182, 183
arquebuse 112
ascenseurs 46
asepsie 163
assiettes 151
astronomie 9, **22-25**, 94, 105
atome 48, 49, 120, 161
automates → *voir* robots
automitrailleuses 115
automobile 33, 40, **58-61**
  à vapeur 58, 66
  chaîne d'assemblage **44-45**, 59
  courses 60
  électrique 59
  équipements **60-61**
  solaire 41
autoroutes 63
avions 83, **98-101**
  de guerre **116-117**
  de tourisme 101
  -fusées 98, 104, 116
  gros-porteurs 100

B

baignoires 156
bains publics 130, 156
baïonnette 112
balances 16, 17
balistique 127
ballons **92-93**
ballons-sondes 94
baromètre 26
barrages 40, 73
basket-ball 190
bateaux **76-83**
  à vapeur 79, **80-81**
  à voiles **78-79**
bathyscaphes **88-89**
berline 53
beurre 146
bicyclette → *voir* vélo
Bienvenüe, Fulgence 71
bière 146, 149
billet de banque 143
blindés → *voir* chars
boissons **148-149**
bombardiers 116, 117
bombe atomique 48, 116, 118, **120**, 122
boomerang 109
boulier 18
boussole 85
boxe 192
brevets 28, 63, 176, 196
brique 130
brise-glace 82
bronze **135**, 142
brosse à dents 156, 157
bug informatique 181

C

cabriolet 53
Caddie 143
cadran solaire 12
café 148
calculs **18-19**, 180
calèche 53
calendriers **14-15**
cambriolages, prévention 141
caméra 201
Caméscope 201
Canadair 101
canons 111, 115, 135
carabine 112
caractères d'imprimerie 170, 171
caravelles (bateaux) 78, 79
carrosses 53, 70
cartes 10, 84
cartes(jeux) 186, **188**
cartes de crédit 143
cartes perforées 19, 155
cartes postales 173
cassettes audio et vidéo 197, 201
catamarans 79
CD (compact disc) 197, 201
CD-Rom 181
Celluloïd 138, 188, 191
Celsius, Anders 26
centrale géothermique 41
centrale nucléaire **48-49**
César, Jules 14
chaise à porteurs 53
charrue 38
chars attelés 52, 114
chars d'assaut 29, **114-115**
chemin de fer → *voir* trains, voies ferrées
chèque bancaire 143
chiffres et nombres 18, 19
chirurgie **162-163**
chronomètre de marine 11
ciment 131
cinéma 29, 199, **201**
clarinette 30, 194
clepsydre 11
clippers 79
cloche à plongeur 86
Coca-Cola 148
coches 53
Code de la route 64
cœur artificiel 163
colt 31, 112
congélateurs 153
conservation des aliments 48, **152-153**
conserves 153
Copernic, Nicolas 9
cor 194
coton 154
courrier **172-173**
couteau de table 150
couverts de table **150-151**
crayon 168
cristal 132
cuillère 150
cuivre **134**, 135, 142
cunéiforme (écriture) 166
curare 108

D

dames (jeux) 188
DAT 197
deltaplane 97
dentifrice 157
déodorants 157
détendeur 87
Dictaphone 29
diététique 152
diligences **53**, 70, 174
dirigeables 94, **95**
disques d'enregistrement 196, 197
distillation 149
dominos 189
domotique 137
douche 156
draisienne 54
drones 117
DVD 201
dynamite 110

E

eau de Cologne 157
eau gazeuse 149
ébonite 138
e-book 171
échecs (jeu) 188
échographie 161
écriture **166-167**
électricité 40, 41,**136**, 137, 140, 178
électroaimant 43, 197
e-mail 183
empreintes digitales 126, 127
empreintes génétiques 127
encre 125, 168, 169
endoscopie 161
énergie **40-41**, 136
  nucléaire 41, **48-49**
engrais 39
ENIAC 19, 180, 181
enquêtes de police **126-127**
éolienne 40
épée 109
Ératosthène 9
espionnage, espions **124-125**, 182
étain 135, 142
explosifs 110

F

fardier 58
fer 135
fermentation 146, 149
ferry-boats 82
feu 141, 147
feu rouge 65, 133
fiacres 70
fibres synthétiques 155
fil à plomb 37
fission, fusion d'un atome 48, 49, 120
flèches 108, 121, 122
Fleming, Alexander 159
flûte 194
fonte (alliage) 135
football 190
four à micro-ondes 147
fourchette 150
Fraunhofer, Joseph von 24
frein 55, 68
funiculaires 71, 193
fuseaux horaires 10
fusées 104, 122
fusils 112, 113

G

galères 77
Galilée 13, 22
galions 79
gaz toxiques 113, **121**
girouette 26
glacières 153
gnomon 12
golf 191
GPS 61, 85, 115
gramophone 196
grand bi 54, 55
gratte-ciel 133
greffes d'organes 163
Grégoire XIII 15
grenades 113
Grosse Bertha 111
grue 46
guitare 195

H

harpe 194
hélice marine 28, 81, 118
hélicoptère 29, **102-103**
Hertz, Heinrich 178
heure **12-13**
hiéroglyphes 166
Hippocrate 152, 158
hochet 186
horloges 12, 13
hydravions 101
hydroglisseur 83
hygiène **156-157**
hygromètre 27
hypermarchés 143

I

idéogrammes 166, 167
imprimantes 71, 171, 181, 183
imprimerie **170-171**
incendie, prévention 141
informatique 137, **180-183**
instruments de musique 30, **194-195**
instruments de navigation 11, **84-85**
Internet **182-183**
IRM 161

J

Jansky, Karl 25
Jenner, Edward 159
jeux **186-189**
  de l'oie 189
Jeux Olympiques 192, 193
jouets → *voir* jeux
judo 192

K

karaté 192
Kevlar 139
kriss 109
Krupp, Alfred 111

L

laser 163, 197
latitude 10, 11, 84
Lego 189
lentille optique 20, 21, 22
Lépine, concours 28
livre 170
  électronique 171
locomotives **66-67**, 68, 73
logiciels 19, 180
longitude 10, 11
loterie 187
loupe 20
lunettes 20
lunettes astronomiques 22

M

macadam 63
machine à calculer 19
machine à écrire 169
machine à vapeur **42**, 58, 80, 95
machines-outils 37
magnétophone 197
magnétoscope 201
maladies 152, **158-163**
marteau 36
massue 108
matériaux composites 139
matières plastiques ou synthétiques **138-139**
médecine 32, 48, **158-163**
médicaments 159, 162
méridiens terrestres 10
messages secrets 125, 197
mesures et poids **16-17**
métallurgie, métaux 36, **134-135**
météorologie **26-27**, 94
métier à tisser 155
mètre 17
métropolitain 71
microbes 159, 163
microphone 29, 177, 179
micro-ondes 147
microprocesseur 181
➥ *voir aussi* puces
microscope 20, 21
Minitel 182
miroirs 132, 133
missiles 104, 119, **122-123**, 139
mitrailleuse 29, **113**
Mobylette 57
Modem 183
moissonneuse 38, 39
monnaie **142-143**
Monopoly 189
monte-charges 46
montgolfières **92-93**
montres 13, 124
Morse, alphabet 31, 175, 179
moteurs **42-43**
  à 2 temps 56
  à explosion 39, 40, 43
  à 4 temps **43**, 56, 59
  Diesel 30, 67, 81, 119
  électrique **43**, 58, 95, 118, 119
moto 56
motoneige, ou Ski-Doo 57
mousquet 112
mur du son 98

N

nappes et serviettes 151
navettes spatiales 104
nitroglycérine 110
niveau (outil) 37
Nylon 155, 156

O

offset, impression 171
OGM 147
Ohno, Taïchi 44
omnibus 70
ondes radio ou hertziennes 25, 177, 178, 179, 183
ondes sonores 176, 179, 196
optique **20-21**
ordinateurs 18, 19, 32, 33, **180-181**, 182, 183
  super-ordinateurs 27, 180
orgue 194
outils **36-37**, 135

P

pacemaker 163
pain 146
palan 46
panneaux de signalisation 64, 133
papier 170
paquebots 82
parachute 29, 96
parallèles terrestres 10
parapente 97
parapluie 140
paratonnerre 140
Paré, Ambroise 162
parfums 157
Pasteur, Louis 159, 163
péages routiers 63
peintures 131
pendules 13
pénicilline 159
perceuse 37
permis de conduire 64
pétrolette 56
pétroliers 83
phares 84
philatélie 173
phonographe 29, 196
photocomposition 171
photographie 24, **198-199**
photographie aérienne 95
piano 195
pieds lourds 87
ping-pong 191
pistolets 31, **112**, 113
planche à voile 193
planeurs 29, **96-97**, 98
plaques d'immatriculation 64
plongée sous-marine **86-87**
pluviomètre 27
pneus 55, **63**
poids et mesures **16-17**

poignard 109, 112
Polaroid 199
police 65, **126-127**, 139
polycarbonate 139
polyester 139
polyéthylène 139
polystyrène 138
pont-bascule 17
ponts **72-73**, 135
portance 99, 103
porte-avions 83
porte-plume 168
portulans 10, 84
poste (courrier) **172-173**
poudre noire (explosifs) 108, **110**, 123
poulie 28, 46
poupées 186, 188
pression 26, 89, 118
pressurisation 99
prêt-à-porter 155
prisme 24
puces électroniques 18, 19, 32, 61, 143, 181
puzzles 188
PVC **139**, 196
pyramides 62, 130, 131

R

rabot 36
radeaux 76
radioastronomie 25
radiographie 160
radiophonie **178-179**
radiosondes 94
rails 66, **67**, 70
rayons X 25, 160
réacteur atomique ou nucléaire 48, 49, 119
réacteurs d'avions 99
réfrigérateurs 153
règle à calcul 18
réveille-matin 13
revolver 31, **112**
robots 32, 44
Röntgen, Wilhelm Conrad 160
rotative, presse 171
rotor 102, 103
roue 46, 51, **52**
    à aubes 80, 81
routes et autoroutes **62-63**, 64
rugby 190

S

sablier 11
sabre 109
sandwich 30
santé 152, **158-159**
satellites artificiels 25, 27, 105, 177
savon 156
saxophone 30
scanner 160
scaphandres 86, 87
scie 36
scooter 57
Scrabble 189
semoir 38
serrure 141
sextant 84
side-car 56
ski 193
soie 154, 155, 156
sonar, sondeur 85, 161
sondes orbitales ou spatiales 105
sous-marins **118-119**, 123, 197
spectroscopie 24
sports **190-193**
stations spatiales 104, 105
sténopé 198
stéthoscope 160
stylo, stylo bille 169
surf 193
système expert 180, 181
système métrique 17

T

tambour 195
tanks 114
Taylor, Frederick 45
télécommande 201
télécommunications **174-179, 182-183**
télégraphe 29, 31, **174-175**, 178
télématique 182
téléphérique 71, 193
téléphone **176-177**, 182, 183
télescope 23
    spatial 25
télésurveillance 141
télévision 177, 182, 183, **200**, 201
temps, mesure 11, **12-15**
tennis 191
Terre **8-11**
    dimensions 9
    latitude et longitude 10, 11
thé 148
thermomètre 26
timbre-poste 173
tissu 154, 155
tomographie 160
tracteur 39
trains **66-69**, 82
tramway 70
transistor 179, 181
transports en commun 53, **70-71**
treuil 46
trompette 194
TSF 178-179
tunnelier 47
tunnels 47, **73**
turbine à vapeur 81

U

ULM 97
ultrasons 85, 156, 161
univers 9, 25
uranium 48, 49, 118, 120
usines **44-45**, 58

V

vaccins 159
vaisselle 135, **150-151**
Van Leeuwenhoek, Antonie 21
Velcro 31
vélo **54-55**
Vélosolex 57
Verne, Jules 87, 91, 93, 118
verre 132, 133, 150
vêtements 32, 154-155
vidéo 163, 201
Vidéotex 182
villes 130, 131
    mobilier urbain 132, 133
vin 146, 149
violon 195
violoncelle 195
voies ferrées 68, 69, 72
voiliers **78-79**
voiture → *voir* automobile
voyages dans l'espace 33, 104
VTT **55**, 138

W

wagons-lits 69
Web 183
Wi-fi 183

X Y Z

xylographie 170
Yeager, Chuck 98
zeppelins 95
zéro 18

INDEX DES INVENTEURS

Alberti, Leone 27
Appert, Nicolas 153
Archimède **28**, 46
Bacon, Roger 110, 111
Baird, John 201
Barlow, Peter 43
Barton, Otis 89
Beau de Rochas, Alphonse 43
Beebe, William 89
Bell, Alexander 176
Bell, Patrick 38, 39
Benett, Bill 97
Berlier, Jean-Baptiste 71
Berliner, Emil 196
Bernigaud, Louis Marie Hilaire 155
Bich, Marcel 169
Bertillon, Alphonse 127
Biro, Lazslo 169
Bollée, Amédée 58, 59
Bombardier, Joseph-Armand et Joseph 57
Bourne, William 119
Bouton, Georges 58
Branly, Édouard 178
Braun, Karl Ferdinand 200
Braun, Wernher von 104
Broughton, Jack 192
Browning, John Moses 112
Browning, William 149
Brunel, Marc 47
Buehler, William 134
Bushnell, David 119
Butts, Alfred 189
Cabirol, Joseph 87
Candler, Asa 148
Carey, George R. 200
Carothers, Wallace 155
Carouage 13
Castelli, Benedetto 27
Cayley, George 96
Chanute, Octave 96
Chappe, Claude 174, 175
Charles, Jacques 93
Charlton, John 173
Chassepot, Antoine 112
Christiansen, Ole Kirk 189
Claghorn, Edward 60
Cockerell, Christopher 83
Colt, Samuel **31**, 112
Congreve, William 122
Conté, Nicolas Jacques 168
Cousteau, Jacques-Yves 87
Cray, Seymour 180
Cristofori, Bartolomeo 195

Cros, Charles 196
Cugnot, Joseph 58
Daimler, Gottlieb 43, 56, 59
Darrow, Charles B. 189
Davidson, Arthur 56
De Corlieu, Louis 87
Delémontez, Jean 101
Delvigne, Georges-Henri 112
Denayrouze, Auguste 87
Denner, Jean-Christophe 194
Diesel, Rudolf **30**, 67
Dion, Albert de 58
Drais von Sauerbronn, Karl 54
Dunlop, John 55, 63
Eastman, George 199
Edison, Thomas Alva **29**, 196
Elliotson, John 160
Ellis, William 190
Estienne, Jean-Baptiste 115
Evans 66
Fabre, Henri 101
Faraday, Michael 43
Farina, Giovanni Maria 157
Faulds, Henry 126
Ferdinand II de Toscane 27
Fermi, Enrico 48
Fichet, Alexandre 141
Ford, Henry 59
Franklin, Benjamin 140, 141
Fulton, Robert 80, 118
Gagnan, Émile 87
Garnerin, Jacques-André 96
Gauthey, Dom 176
Giffard, Henri 95
Glidden, Joseph Farwell 169
Goddard, Robert 104
Goldmark, Peter 196
Goudard, Maurice 57
Gray, Elisha 176
Gribeauval, Jean-Baptiste de 111
Gutenberg, Johannes 170
Hahn, Otto 120
Halley, Edmund 86
Harley, William 56
Harrison, John 11
Hermite, Gustave 94
Hill, Rowland 173
Hoe, Richard 171
Hollerith, Herman 19
Hooke, Robert 27, 176
Hutchison, M. R. 61
Huygens, Christiaan 13, 22
Hyatt, John 138
Jacquard, Joseph Marie 155
Jansen, Zacharias 20
Jenatzy, Camille 59
Jobs, Steve 181
Joly, Édouard 101
Jouffroy d'Abbans, Claude de 80
Kano, Jigoro 192
Klansthal, Albert de 71
Klingert, Karl 86
Lacomme, docteur 73
Laennec, René 160
Land, Irwin H. 199
Langen, Eugen 43
Lawson, H. J. 55
Le Bris, Jean-Marie 96
Lebon, Philippe 43
Leibnitz, Wilhelm 19
Lenoir, Étienne 43
Lenormand, Louis-Sébastien 96
Léonard de Vinci 26, **29**, 87, 96, 97, 102, 114, 198
Levassor, Émile 59
Lilienthal, Otto 96, 97
Lipman, Harry 173
Lippershey, Hans 22
Loubat, Émile 70
Lumière, Auguste et Louis 201
MacAdam, John 63
Marconi, Guglielmo 178
Marey, Étienne-Jules 201
Maybach, Wilhelm 59
McCormick, Cyrus 39
McKeen, Samuel 61
Mennesson, Marcel 57
Mestral, Georges de 31
Michaux, Ernest 54
Michelin, André et Édouard 55, 59
Montgolfier, Joseph et Étienne de 92
Morse, Samuel **31**, 175
Muybridge, Eadweard 201
Naismith, James 190
Newton, Isaac 23
Niepce, Nicéphore 198
Nipkow, Paul 200
Nobel, Alfred et Émile 110
Oppenheimer, Robert 120
O'Shaughnessy 175
Otis, Elisha 46
Otto, Nikolaus 43
Panhard, René 59
Papin, Denis 42, 80
Parissot, Pierre 143
Pascal, Blaise 19, 70
Pemberton, John 148
Perrault, Louis-Guillaume 56
Perrot, Bernard 132
Peugeot, Armand 58
Piaggo, Enrico 57
Piccard, Auguste et Jacques 89, 94
Popov, Aleksander 178
Poulsen, Valdemar 197
Prince, Louis le 201
Pullman, George 69
Renault, Louis 58
Robinson, Thomas 27
Rogallo, Francis 97
Rouquayrol, Benoît 87
Sainte-Claire Deville, Henri 111, 115
Saussure, Horace Benedict de 27
Savery, Thomas 42
Sax, Adolphe 30
Schwarz, Bertold 111
Scott de Martinville, Léon 196
Senlecq, Constantin 200
Serpollet, Léon 58, 65
Sholes, Christopher Latham 169
Siebe, Auguste 87
Siemens, Werner von 70
Sikorsky, Igor 102
Sivrac, comte de 54
Soule, Samuel W. 169
Starley, James 55
Stephenson, George et Robert 66, 67
Swinton, Ernest 114
Teisserenc de Bort, Léon Philippe 94
Thomson, William 63
Tissandier, Gaston 95
Toricelli, Evangelista 26
Torres, A. de 195
Towneley 27
Trésaguet 63
Trevithick, Richard 58, 66
Tsiolkovski, Konstantin 104
Tull, Jethro 38
Vail, Alfred 31
Vallières, Jean Florent de 111
Van Drebbel, Cornelius 20, 119
Vaucanson, Jacques de 37
Waterman, Lewis Edson 169
Watt, James 42
Wehnelt, Arthur 200
Werner, frères 56
Werner, Wilhelm 56
Westinghouse, George 68
Whitworth 37
Wingfield, Walten Clopton 191
Wozniak, Steve 181
Wright, Wilbur et Orville 96, 98
Wyatt, John 17
Young, Thomas 196
Zeppelin, Ferdinand von 95
Zworykin, Vladimir 200

Crédits iconographiques

Les dessins du personnage de Junior ont été réalisés par KILLIWATCH/Christian Maréchal.

Couverture :
1re de couverture :
Titraille : Weststock/Sunset.
Dessin : S. Di Meo/F. D'Ottavi
4e de couverture :
Titraille : voir ci-dessus
Photos : hg : S. Di Meo/F. D'Ottavi ; hd : AKG-images ; mg : The Granger Collection NYC/Rue des Archives ; b : L. Favreau.

p. 3 : S. Di Meo/F. D'Ottavi. p. 6-7 : I. Wagner/AKG-images. p. 8 h : Spacephotos.com ; b : AKG-images. p. 9 h : L. Blondel ; b : AKG-images. p. 10 h : Arnaudet/RMN ; m : L. Blondel ; b : J. Martin/AKG-images. p. 11 h : Costa/Leemage ; b : AKG-images. p. 12 h : E. Lessing/AKG-images ; b : J.-C. Wetzel/Musée des Arts et Métiers. p. 13 m : Musée de la Renaissance, Écouen/RMN ; b : L. Blondel. p. 14 h : J.-P. Courau/Keystone-France ; b : The Granger Collection NYC/Rue des Archives. p. 15 : R. G. Ojeda/RMN. p. 16 h : F. Maruéjol ; b : Musée des Arts et Métiers, Paris/Photo Studio CNAM. p. 17 h : Musée des Arts et Métiers, Paris/Photo Studio CNAM ; b : Collection Jonas/Kharbine-Tapabor. p. 18 h : L. Blondel ; b : C. & J. Lenars/Corbis. p. 19 h et m : AKG-images ; b : Rue des Archives. p. 20 h : VVG/SPL/Cosmos ; bg : Bibliothèque Municipale, Besançon ; bd : S. Di Meo/F. D'Ottavi. p. 21 hg : J.-G. Berizzi/RMN ; hd : L. Blondel ; b : A. Syred/SPL/Cosmos. p. 22-23 : S. Di Meo/F. D'Ottavi. p. 22 hg : J. Brandste/AKG-images. p. 23 d : A. Felix/Imagefrance.com. p. 24 h : S. Beckwith (STScl) and the HUDF team/ESA/NASA ; m : J. Alean/SPL/Cosmos ; b : Observatoire de Paris. p. 25 hg : S. Brunier/Ciel et Espace ; hd : MPIR/Ciel et Espace ; b : Spacephotos.com. p. 26 h : FLPA/Sunset ; m : Collection Karamande/BOU/BOU ; b : P. Faligot/Musée des Arts et Métiers. p. 27 hg : P. Faligot/Musée des Arts et Métiers ; hd : P. Giraud/Corbis Sygma ; m : Cape Grim B.A.P.S./S. Fraser/SPL/Cosmos ; b : NASA/Ciel et Espace. p. 28-29 : AKG-images. p. 30 : AKG-images. p. 31 h : Rue des Archives ; m : The Granger Collection NYC/Rue des Archives ; b : Dr J. Burgess/SPL/Cosmos. p. 32-33 h : Collection Kharbine-Tapabor. p. 32 mg et b : D. Florentz. p. 33 bm : P. Sancya/AP/SIPA ; bd : P. Carril/Ciel et Espace. p. 34-35 : Rue des Archives. p. 36 hg : British Library/AKG-Paris ; hd : Bosch ; bg : J.-P. Dumontier/AKG-images. p. 37 h : Collection Roger-Viollet ; bg : Cameraphoto/AKG-Paris ; bd : Garel/REA. p. 38 h : H. Lewandowski/RMN ; b : Collection Roger-Viollet. p. 39 h : Denis/REA ; b : J. Dayan. p. 40-41 : S. Di Meo/F. D'Ottavi. p. 42 h : L. Blondel ; b : The Granger Collection NYC/Rue des Archives. p. 43 : L. Blondel. p. 44-45 : PSA Peugeot Citroën-Direction de la communication. p. 46 h : Lucky Comics 2004 ; bg : AKG-Paris ; bd : Document OTIS. p. 47 : Meigneux/SIPA. p. 48 h : S. Di Meo/F. D'Ottavi ; bd : US Department of Energy/SPL/Cosmos. p. 49 : S. Di Meo/F. D'Ottavi. p. 50-51 : Rue des Archives. p. 52 h : Costa/Leemage ; bg : J. Dayan ; bd : Rue des Archives. p. 53 hd : Rue des Archives ; hg, mg et bg : Musée de la Voiture/RMN. p. 54 h : Musée de la Voiture/RMN ; m : J. -G. Berizzi/RMN ; b : The Granger Collection NYC/Rue des Archives. p. 55 h : S. Di Meo/F. D'Ottavi ; b : The Granger Collection NYC/Rue des Archives. p. 56 hg : DR ; hm : Kharbine-Tapabor ; hd : Ph. Renault/Gamma ; bg : The Sun/SIPA. p. 57 h : T.C. Malhotra/Camera Press/Gamma ; mg : Collection Kharbine-Tapabor ; md : G. Bloncourt/Rue des Archives ; bd : Frilet/SIPA. p. 58-59 h : Arnaudet/RMN. p. 58 h et b : Rue des Archives. p. 59 hd : PSA Peugeot Citroën-Direction de la communication. ; md : G. Durand/Gamma. p. 60-61 b : PSA Peugeot Citroën-Direction de la communication. p. 60 h : A. Dalmau/AP/SIPA. p. 61 h : Fabiano/SIPA. p. 62 h : Collection G. Dagli Orti ; bg : J. Dayan ; bd : Farabola/Leemage. p. 63 hd : D. Del Fino/Sunset ; md, mg et b : J. Dayan. p. 64 h et m : L. Blondel ; bg : P. Escudero/HoaQui ; bd : Le Floc'h/HoaQui. p. 65 h : Leemage ; b : Sidali-Djenidi/Gamma. p. 66 h : The Granger Collection NYC/Rue des Archives ; b : AKG-images. p. 67 h et bd : Boyer/Roger-Viollet ; md : L. Blondel. p. 68 h : AKG-images ; b : Rue des Archives. p. 69 h : Elkaim/SIPA ; b : Japack/Sunset. p. 70 h : LL/Roger-Viollet ; b : Collection Roger-Viollet. p. 71 h : Renault-Rieger/Gamma ; m : Rue des Archives. p. 72 h : Cavalli/SIPA ; mg : Y. Guichaoua/Sunset ; bd : Hémisphère. p. 73 hd : Marge/Sunset ; mg : Hémisphère ; bg : D. Cordier/Sunset ; bd : Rue des Archives ; schémas : J. Dayan. p. 74-75 : Superbild/Sunset. p. 76 h : G. Dagli Orti ; b : C. & J. Lenars/Keystone France. p. 77 h : Musée naval d'Espagne, Madrid/G. Dagli Orti ; b : P. Connolly/AKG-images. p. 78 h : Musée naval d'Espagne, Madrid/G. Dagli Orti ; b : L. Favreau. p. 79 h : The Granger Collection NYC/Rue des Archives ; b : Silvestris/Sunset. p. 80 h : Collection Roger-Viollet ; b : The Granger Collection NYC/Rue des Archives. p. 81 g : Japack/Sunset ; d : AP/SIPA. p. 82 h : Rue des Archives ; md : Collection Roger-Viollet ; b : NHPA/Sunset. p. 83 hg : D. Fracchia/REA ; mg : Animals Animals/Sunset ; md : Photobank USA/Sunset ; b : Photo Océan/Sunset. p. 84-85 : J. Dayan. p. 86 h : AKG-images ; m : AKG ; b : Collection Roger-Viollet. p. 87 h : Musée National de la Marine ; m : Spectrum/Sunset ; b : A. Tocco/Comex. p. 88-89 : L. Favreau. p. 90-91 : Japack/Sunset. p. 92 h : AKG-images ; b : S. Di Meo/F. D'Ottavi. p. 93 h : Lauros/Giraudon/The Bridgeman Art Library ; m : Musée du Bourget ; b : S. Feval/Le Matin/Corbis Sygma. p. 94 hg : P. Aventurier/Gamma ; hd : Musée de l'Air et de l'Espace, Le Bourget ; bg et bd : AKG-images. p. 95 h : Keystone-France ; b : G. Dagli Orti. p. 96 h : AKG ; b : Garnerin/SPL/Cosmos. p. 97 hg : P. Gleize/REA ; hd : Musée de l'Air et de l'Espace, Le Bourget ; b : AKG-Paris. p. 98 h : Collection IM/Kharbine-Tapabor ; b : AKG-Paris. p. 99 h : D. Conger/Corbis ; bg : Musée de l'Air et de l'Espace, Le Bourget ; bd : S. Di Meo/F. D'Ottavi. p. 100-101 h : F. Maigrot/REA. p. 100 hg : S. Di Meo/F. D'Ottavi ; mg : G. Hall/Corbis ; md : A. Macdonald/Rex Features/SIPA ; bd : Keystone-France. p. 101 hd : Vizo/Rex Features/SIPA ; mg : Gottlieb/SIPA ; md : World Pictures/Sunset ; bd : Musée de l'Air et de l'Espace, Le Bourget. p. 102-103 : S. Di Meo/F. D'Ottavi. p. 102 h : Superbild/Sunset. p. 104 h : NASA ; b : Ciel et Espace. p. 105 h et b : Ciel et Espace. p. 106-107 : Rue des Archives. p. 108 hg : Bibliothèque nationale, Paris ; m : Musée Guimet/RMN ; bg : J.-G. Berizzi/RMN ; bd : T. Ollivier/RMN. p. 109 hg : Gusman/Leemage ; hd : BCA/Rue des Archives ; mg : Nimatallah/AKG-images ; md : G. Blot/RMN ; bg : B. Pérousse/AGE HoaQui. p. 110 h : Bibliothèque nationale, Paris ; b : C. Boisvieux/Keystone-France. p. 111 hg et hd : Rue des Archives ; bg : L. Schlosser ; bd : AKG-images. p. 112 h : E. Lessing/AKG-images ; mg : AKG-images ; md : C. Jean/RMN ; b : Mathéus/

RMN. p. 113 hg et hd : Rue des Archives ; b : D. Butow/ Redax-REA. p. 114 h : Collection British museum/AKG ; b : E. Lessing/AKG-images. p. 115 h : Rue des Archives ; b : I. Jones/ Gamma. p. 116 h : Rex Feature/SIPA ; b : Dod/Hanning/REA. p. 117 hg : 8383/Gamma ; hd : S. Di Meo/F. D'Ottavi ; b : B. Sanders/AP/SIPA. p. 118-119 : DCN. p. 119 hd : OAR/NURP. p. 120 : O. Blaise/Gamma. p. 121 h : Costa/Leemage ; b : E. Lessing/AKG-images. p. 122 h : R. Nickelsberg/Gamma ; b : J.-L. Princelle/Encyclopædia Universalis (Bibliothèque de l'Institut des hautes études chinoises, Collège de France). p. 123 h : AP/SIPA. p. 124 hg : BCA/Rue des Archives ; m et bg : M. Ceneta/Gamma ; bm et bd : T. Streshinsky/Corbis. p. 125 hd et hg : M. Ceneta/Gamma ; md : Gurr/News International/SIPA ; b : L. Downing/Corbis Sygma. p. 126 h : The Granger Collection NYC/Rue des Archives ; bg : B. Decout/ REA ; bd : Shout/Rex Features. p. 127 h : D. Mills/AP/SIPA ; m : Riclafe/SIPA ; b : Tallandier/Rue des Archives. p. 128-129 : Picturesque/Sunset. p. 130 : E. Lessing/AKG-images. p. 131 h : Wildtrack Media/Rex Features/SIPA PRESS ; m : H. Lewandowski/RMN ; b : Mach2 Stock/Sunset. p. 132 hg et hd : H. Lewandowski/RMN ; m : F. Raux/RMN ; b : I. Simon/SIPA PRESS. p. 133 h : N. Jorgensen/Rex Features/SIPA PRESS ; m : Arnaudet/RMN ; b : W. Santana/AP/SIPA. p. 134-135 h : E. Lessing/AKG-images. p. 134 mg : G. Blot/RMN ; md : DR ; b : Archives CDA/Guillemot/AKG. p. 135 hd : A. Rzepka/RMN ; mg : Weststock-Image State/Sunset ; md : Mercator/RMN ; bg : Weststock-Image State/Sunset ; bd : Musée Condé, Chantilly/ RMN. p. 136-137 : Superbild/Sunset. p. 136 : Harlingue/Roger-Viollet. p. 138 h : Sunset ; md : Hanet/BSIP ; b : Picturesque/ Sunset. p. 139 hg : Horizon/Sunset ; hd : WPA/Pouzet20Min/ SIPA ; mg : Archi Berlin/Sunset ; bg : T. Futh/LAIF-REA ; bd : Sang-Hoon/SIPA. p. 140 h : E. Lessing/AKG-images ; m : Bibliothèque des Arts Décoratifs, Paris/G. Dagli Orti. p. 141 m : Musée du Louvre, Paris/RMN ; bg : Rue des Archives ; bd : Photri/Sunset. p. 142 h, m et bg : Collection G. Dagli Orti ; bd : AKG-Paris. p. 143 m : Collection G. Dagli Orti ; b : Darque/ Sunset. p. 144-145 : A. Pasieka/SPL/Cosmos. p. 146 h : Chuzeville/RMN ; b : H. Lewandowski/RMN. p. 147 h : J.-P. Dutilleux/Gamma ; b : Gusto/SPL/Cosmos. p. 148-149 : TH Foto Werbung/Sunset. p. 148 mg : Holt Studios/Sunset ; md : Dauwe/Planet Reporters/REA ; b : T. Martinot/Sunset. p. 149 hd : Horizon vision/Sunset ; m : E. Lessing/AKG-images ; b : E. Boyard/Sunset. p. 150-151 : Collection cinéma/ Photo12.com. p. 152 : World Pictures/Sunset. p. 153 h : S. Cuisset/ REA ; b : L. Blondel. p. 154 h : G. Blot/RMN ; b : The Granger Collection NYC/Rue des Archives. p. 155 hg : Rue des Archives/ RDA ; md : B. Decout/REA. p. 156 h : T. Ollivier/RMN ; m : AKG-images ; b : R. Lambert/RMN. p. 157 hg : Picturesque/ Sunset ; md : AKG-images ; b : BCA/Rue des Archives. p. 158 h : J. Martin/AKG-images ; b : Bibliothèque des Arts décoratifs, Paris/G. Dagli Orti. p. 159 h : G. Houin/Sunset ; b : D. Sullivan/ SIPA Press. p. 160 h : Ablestock/BSIP ; m : J. Cavallini/BSIP ; b : H. Raguet/BSIP. p. 161 hd : J. Birdsall/BSIP ; mg : J. Cavallini/ BSIP ; b : Cacchia/BSIP. p. 162-163 b : Worldimage/Rue des Archives. p. 162 h : Collection GROB/Kharbine-Tapabor ; bg : Bulloz/RMN. p. 163 h : Laurent/BSIP. p. 164-165 : Superbild/ Sunset. p. 166 h : E. Lessing/AKG-images. p. 167 bg : E. Lessing/ AKG-images ; couvertures Harry Potter, en grec : Psichogios Publications, Grèce ; en coréen : Moonhak Soochup Publishing Co., Ltd ; en thai : Nanmeebooks Publications Co., Ltd ; en russe : Rosman Publishing, Russie. p. 168 m : G. Blot/RMN ; b : E. Lessing/ AKG-images. p. 169 h : Japack/Sunset ; b : A. Syred/SPL/ Cosmos. p. 170 h : T. Ollivier/RMN ; b : E. Lessing/AKG-images. p. 171 h : D. Bringard/Sunset ; bg : L. Blondel ; bd : I. Hanning/REA. p 172-173 tous les timbres sauf le « Penny Black » : Collection Karamande/BOU/BOU. p. 172 hg : J.-P. Porcher/ Sunset. p. 173 mg et bd : Musée de la Poste. p. 174 h : J.-L. Charmet/ Musée de la Poste ; b : Weststock Image-State/Sunset. p. 175 hd : S. Terry/SPL/Cosmos ; mg et b : The Granger Collection NYC/Rue des Archives. p. 176 h : AKG-images ; b : E. Bohr/ AKG-images. p. 177 h : Collection Kharbine-Tapabor ; b : NG Han Guan/AP/SIPA. p. 178 h : Goldner/SIPA. p. 179 h : L. Blondel ; mg : Rue des Archives ; bd : T. Craddock/SPL/Cosmos. p. 180 h : R. Damoret/REA ; b : D. Parker/SPL/Cosmos. p. 181 hg : Weststock/Sunset ; b : S. Di Meo/F. D'Ottavi. p. 182 h : N. Quidu/Gamma ; b : B. Rossi/Sunset. p. 183 h : D. Lefranc/ Gamma N-Y ; b : L. Blondel. p. 184-185 : P. Royer/ HoaQui. p. 186-187 : L. Favreau. p. 188-189 : L. Favreau. p. 190 h : Nebinger/SIPA ; bg : T. Marshall/Empics Sports/SIPA ; bd : Conkic/SIPA. p. 191 h : J. Langevin/Sygma/Corbis ; m : J. Veysey/ Camera Press/Gamma ; b : Japack/Sunset. p. 192 h : Thomas/DPPI-SIPA ; m : P. Hilton/EPA/SIPA ; b : A. Maltsev/ EPA/SIPA. p. 193 h : Rue des Archives ; m : Weststock Image-State/Sunset ; b : J. Mu-Oz/EFE/SIPA. p. 194-195 : J. Sierpinski/ HoaQui. p. 196 h : Leemage ; m : The Granger Collection NYC/Rue des archives ; b : Leemage. p. 197 h : Dodenhoff/ AKG-images ; b : R. Saint Paul/Rue des Archives. p. 198 h : Corbis ; mh : L. Blondel ; mb : D. Delfino/Sunset ; b : Harlingue/Roger-Viollet. p. 199 h : The Granger Collection NYC/Rue des Archives ; b : M. Wolf/REA. p. 200 h : The Granger Collection NYC/Rue des Archives ; b : Rue des Archives. p. 201 : G. Fulchiron/Gamma.

Dans la même collection

Animaux

de Christine Lazier

Civilisations

de Dominique Joly

Dinosaures

de Christel Souillat et Jean Le Lœuff

Moyen Âge

de Brigitte Coppin et Dominique Joly

Mythologies

ouvrage collectif